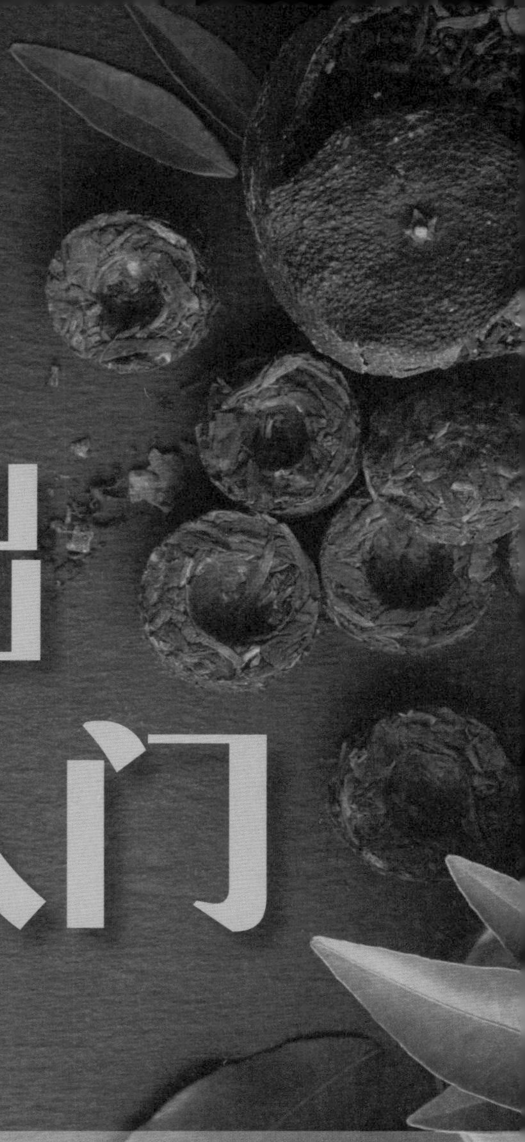

零基础茶艺入门

朱海燕　肖蕾◎主编

黑龙江科学技术出版社
HEILONGJIANG SCIENCE AND TECHNOLOGY PRESS

图书在版编目（CIP）数据

零基础茶艺入门 / 朱海燕，肖蕾主编 . -- 哈尔滨：黑龙江科学技术出版社，2019.1
ISBN 978-7-5388-9882-8

Ⅰ . ①零… Ⅱ . ①朱… ②肖… Ⅲ . ①茶艺－中国
Ⅳ . ① TS971.21

中国版本图书馆 CIP 数据核字 (2018) 第 241259 号

零基础茶艺入门
LING JICHU CHAYI RUMEN

作　　者	朱海燕　肖　蕾
项目总监	薛方闻
责任编辑	徐　洋
策　　划	深圳市金版文化发展股份有限公司
封面设计	深圳市金版文化发展股份有限公司
出　　版	黑龙江科学技术出版社 地址：哈尔滨市南岗区公安街 70-2 号　邮编：150007 电话：（0451）53642106　传真：（0451）53642143 网址：www.lkcbs.cn
发　　行	全国新华书店
印　　刷	深圳市雅佳图印刷有限公司
开　　本	723 mm × 1020 mm　1/16
印　　张	12
字　　数	240 千字
版　　次	2019 年 1 月第 1 版
印　　次	2019 年 1 月第 1 次印刷
书　　号	ISBN 978-7-5388-9882-8
定　　价	39.80 元

目录

CONTENTS

绪论

INTRODUCTION

茶艺的概念

1940 年，傅宏镇辑纂《中外茶业艺文志》时，胡浩川先生在为该书作序时提出“茶艺”一词，乃指包括茶树种植、茶叶加工、茶叶品评在内的各种茶之艺。近年来，学术界众多研究者对“茶艺”这个概念从不同角度进行了阐述。《中国茶叶大辞典》将茶艺定义为泡茶与饮茶技艺。无论是何种定义，其中有些类似，有些有所差别，有些侧重点不一，但多提到了茶艺涉及制茶、烹茶、品茶，茶艺是一种技艺、一门艺术等观念，说明这是大多数人对茶艺理解的共识。

结合茶艺定义的现状及我国茶文化、茶艺发展的实际情况，提出茶艺的新定义为：**广义的茶艺是指茶叶采摘、加工、泡饮的技艺与其技艺的演示；狭义的茶艺是专指泡茶、品茶的技艺与其技艺的演示。**

新定义将茶艺分成技艺与技艺的演示两大部分。泡饮分为泡茶和品茶两部分，而泡茶又分为择器、鉴水、择茶、冲泡。技艺分为技术、技巧和艺术，技术、技巧包含茶艺技艺演示的方法与程式。**只有技术、技巧而无艺术不能称为茶艺，但只讲究艺术而不注重技术、技巧也不能称为茶艺。**茶艺应先讲究技术、技巧后，才可再讲究艺术，即在技术、技巧的基础上才可建立起茶艺的艺术性。技术、技巧与艺术在茶艺中所占的比重不同，茶艺应以技术、技巧为主，融入艺术为辅，或二者兼重，不主张艺术超过技术、技巧。

可以说茶艺是茶叶采摘、加工、泡饮的技艺与其技艺演示的完整体，两部分缺一不可。前人的茶艺定义多涉及了前半部分，后半部分很少提到。茶叶采摘、加工、泡饮的技艺必须演示（或展现）出来，才具有生命力，才能形成茶艺。比如说茶艺师有茶叶泡饮的技艺，但这并不能说就是茶艺。只有茶艺师将内在的技艺通过演示一一展现出来，才能说是真正的茶艺。如果茶艺师只会茶叶泡饮的简单演示，毫无技艺可言，也不能算是茶艺。同时，泡饮的技艺只有通过演示，演示者和观看者才可感受到茶艺的魅力，茶艺也才得以进行交流，并进行完善和发展。也只有这样，茶艺才可真正达到修身养性、促进茶文化的传播和经济发展的目的。

茶艺的内容

茶艺（狭义）的内容可分为赏茶、泡饮技艺及其演示、茶艺礼仪、茶艺环境和茶艺精神五部分。

赏茶包括欣赏干茶的外形、色泽和冲泡过程中的“茶舞”，主要以茶艺观赏者为主体、茶艺演示者为辅。

泡饮技艺中，泡茶技艺及其演示包括择器、鉴水、择茶、冲泡技艺及其演示，这是以茶艺演示者为主的，但茶艺观赏者可参与其中。品饮技艺及其演示，可由茶艺演示者辅助，茶艺观赏者品饮为主。

|视频同步学茶艺|

茶艺礼仪就是茶艺中的礼仪，包括迎客礼、冲泡礼、奉茶礼、送客礼等。

茶艺环境分心境和品饮环境，心境是指茶艺演示者和观赏者的心境，品饮环境包括茶艺场所环境、背景音乐、服装等。

茶艺精神就是茶艺演示中所体现出来的精神内涵，也是茶艺所要展现的精神理念，包含茶德，是属于茶道的一部分。

修习茶艺的意义

茶艺是一门综合性很强的生活艺术，它重在发现美、展示美、享受美、感悟美，而美的境界是人类摆脱了世俗功利之心的最高境界。著名的美学家马尔库塞说过："审美发展是一条通向主体解放的道路，这就为主体准备了一个新的客体世界，解放了人的身心并使之具有新感性。"人们正是通过修习茶艺去追求真、善、美，并且通过修习茶艺使自己从社会强加的工具理性中解放出来。

越来越多的人热爱茶艺，是因为茶艺能激发人的情感和想象力，学会以美学的精神看待日常生活，改变其平庸、刻板、枯燥、乏味的状态，从而构建诗意的生活方式。越来越多的人迷恋上了茶艺，是因为修习茶艺可以用美学的眼光和茶道的精神来自省，认识自我，倾听自我，塑造自我。

第一章

茶文化与茶叶基础知识

茶，
汇集日之热烈，月之温润，
山之灵秀，水之醇爽。
自我们聪慧的祖先发现、利用这一天赐嘉木以来，
在漫长的年月中，
茶的生产不断壮大，
茶的品种日益丰富，
茶的利用也日趋多元，
逐渐形成了一种博大精深、源远流长的文化。

历史悠久的中国茶

中国是最早发现茶树和利用茶的国家，是茶的故乡、茶文化的摇篮。先民们在神农时期就发现茶并开始了茶的利用。茶的利用经历了从食用到药用再到饮用的演变过程。

茶树的起源

茶树原产于中国，自古以来，一向为世界所公认。但对这个问题是有一个认识过程的。1824 年，一位驻印度的英国少校勃鲁士（R·Bruce）在印度阿萨姆省沙地耶（Sadiya）发现了野生茶树，于是国外有人以此为证，开始对中国是茶树原产地提出了异议，认为茶的发源地是印度，从而在国际学术界开展了一场茶树原产地之争。

不同国家的学者对此持有不同的观点，主要有：茶树原产于中国的“一元论”、茶树原产于中国和印度的“二元论”以及茶树原产于中国、泰国、缅甸、越南、印度等地的“多元论”。后经过众多专家的考证，证明中国的西南地区（包括云南、贵州和四川）是世界上最早发现、利用和栽培茶树的地方，那里也是世界上最早发现野生茶树和现存野生大茶树最多、最集中的地方。另外，茶树的分布、地质的变迁、气候的变化等方面的大量资料，也都证实了中国是茶树原产地的结论。而中国的西南地区，主要是云南、贵州和四川，则是茶树原产地的中心地带。

茶的传说与故事

关于茶的发现与饮茶的起源，目前尚无定论。不过，从流传在中国西南地区各民族中的许多民间故事、神话传说、史诗和古歌中都可觅到茶的踪影。

神农尝百草的传说

相传是神农氏最早发现了茶的药用功能。《神农本草经》一书称："神农尝百草，日遇七十二毒，得茶而解之。"神农，也就是传说中远古三皇之一的炎帝。远古时期，百姓以采食野生瓜果，生吃动物蚌蛤为生，腥臊恶臭伤腹胃，加上有时吃了不能吃的东西，经常有人中毒而亡。据说神农为了给人治病，经常到深山野岭去采集草药，亲口尝试，体会、鉴别百草之平毒寒温之药性。有一天，神农在采药中尝到了一种有毒的草，顿时感到口干舌麻、头晕目眩，他赶紧找到了一棵大树，背靠着坐下，闭目休息。这时，一阵风吹来，树上落下几片绿油油的带着清香的叶子，神农拣了两片放在嘴里咀嚼，没想到一股清香油然而生，顿时感觉舌底生津，精神振奋，刚才的不适一扫而光。于是，神农好奇地再拾起几片叶子细细观察，他发现这种树叶的叶形、叶脉、叶缘均与一般的树木不同。神农便采集了一些带回去细细研究，后来将它定名为"茶"，逐渐普及。

古歌《达古达楞格莱标》

德昂族被人们誉为"古老的茶农"。德昂族的古歌《达古达楞格莱标》中说：在有人类之前，天界有一株茶树，它愿意离开天界到大地上生长。万能之神（或智慧之神）考验它，让狂风吹落它的102片叶子，撕碎它的树干，并让树叶在狂风中变化。于是，单数叶子变成了51个精明能干的小伙子，双数叶子变成了51个美丽的姑娘，他们互相结成了51对夫妻，共同经历了10001次磨难之后，有50对夫妻返回了天界，仅最小的一对留在地上，他们就是德昂人的始祖。这个创世神话中的"树叶"，暗示祖先肇始于森林，既反映了茶与德昂族古代的经济活动和社会生活的密切关系，又折射出德昂人早期对茶叶的图腾崇拜以及他们对"茶"的感激和敬畏之情。

“茶”字的由来

在历史文献中，用来表示茶的文字有很多，有茶、茗、槚、蔎、荈等。“茶”字是由“茶”字直接演变而来的。

“茶”字在中唐之前，一般都写作“茶”字。“茶”是一个多义字，其中有一项是表示茶叶。在唐玄宗撰《开元文字音义》中首见“茶”字，但直到陆羽著《茶经》时，统一了“茶”字。之后，“茶”的字形才进一步得到确立，并一直沿用至今。也有的说“茶”从“茶”中简化出来始于汉代。在汉代的印张中，有些“茶”字已被减去一横，成为“茶”字了。

另一种说法则是，随着饮茶的普及程度越来越高，茶的文字的使用频率也越来越高，因此，民间的书写者为了将茶的意义表达得更清楚、直观，于是就把“茶”减去一笔是为“茶”。

不管是何种说法，都可以看出，“茶”是中唐以前对茶的主要称谓，其他的都是别称。

茶从食用、药用到饮用的演变

|视频同步学茶艺|

被誉为“国饮”的茶，并非一开始就作为饮品出现在人们的生活中，它从被发现到利用有一个漫长的过程。饮茶，最先是由吃茶开始的。人们在长期的食用过程中逐渐发现了茶树叶片有解渴、提神和治疗疾病的作用，然后单独将茶树叶片煮沸成菜羹食用，继而发展为药用和饮用。

食用

在原始社会，人类在野外狩猎动物和寻找植物作为食品，茶叶也被当作植物性食物来源之一而被人类发现和利用。《晏子春秋》记载："晏之相齐，衣十升之布，脱粟之食，五卵、茗菜而已。"茗菜是用茶叶做成的菜羹，说明茶在那个时候是被当作菜食的。东汉时壶居士在《食忌》上则说："苦荼久食为化，与韭同食，令人体重。"这种茶"与韭同食"，也是以茶作菜。晋代时，用茶叶煮食之法，称之为"茗粥"或"茗菜"。后来发展成为熟吃当菜。居住在我国西南边境的基诺族至今仍保留食用茶树青叶的习惯，而傣族、哈尼族、景颇族等则有把鲜叶加工成"竹筒茶"当菜吃的传统。

药用

茶的药性的发现和茶具有一定程度的令人兴奋的效用，是茶发展成为饮品的先决条件。人类在长期食用茶的过程中，对茶的药用功能有了进一步的认识。东汉至魏晋南北朝时期，有不少典籍描述了茶的药性。如东汉华佗《食经》中有"苦茶久食益意思"的记载，东汉增补《神农本草经》载："茶味苦，饮之使人益思、少卧、轻身、明目。"南北朝任昉《述异记》："巴东有真香茗，煎服，令人不眠，能诵无忘。"这一系列有关古籍对茶的功用的描述显示了在秦汉时代，人们已将注意力集中于茶的药用功能，这时，茶一方面被当作食物，另一方面也被当成药物。

饮用

明末著名学者顾炎武在《日知录》中说："自秦人取蜀而后，始有茗饮之事"。秦人取蜀是在秦惠王后元九年（公元前316年）。也就是说，至少在战国中期，四川一带已经有饮茶的习俗。从西周至秦，中原地区饮茶的人还很少，茶主要当祭品、菜食和药用；从西汉时起，茶就从羹饮逐渐演变成饮料了。

古老的饮茶方法是烹煮饮用。唐代，茶作为饮料已比较普遍，但羹饮方式仍然存在。陆羽在《茶经》中记载了煮茶的方法："或用葱、姜、枣、橘皮、茱萸、薄荷等"与茶一起烹煮饮用。陆羽《茶经》中还记载了煎茶法，但至宋朝时煎茶法已为点茶法所取代。从清代发展到如今，民间广泛使用的是泡饮法。

历代茶事

在中国，茶文化的发展大致经过了“发乎于神农，闻于鲁周公，兴于唐而盛于宋”的过程，经历了秦汉的启蒙、魏晋南北朝的萌芽、唐代的确立、宋代的兴盛和明清的普及等各个阶段。

|视频同步学茶艺|

秦汉茶事

· 茶起源于古时巴蜀。随着秦汉的统一，茶饮逐渐传播开来，茶区也扩大至长江中游的荆楚之地，以及今广东、湖南和江西接壤的茶陵地区。

· 茶更多地以药用方式出现在人们的生活中。

· 煮饮法是主要的饮茶方式，即将新鲜的茶叶采摘下来，放在水中直接煮成羹汤来饮用。

六朝茶事

· 茶业和茶文化在长江中下游地区得到较大发展，中国茶业的重心也逐渐由西向东转移。

· 茶开始在王室贵族等上层社会流行，并成为文人雅士吟咏、赞颂和抒发情怀的对象。

· 饮茶的方式依然是烹煮，但更为讲究方法和技巧；饮茶的形态多样化，并开始具有一定的礼仪、礼数和规矩。

唐代茶事

· 唐朝时期，饮茶已经十分普遍，并从贵族、文人雅士阶层逐渐普及到社会中下层。

· 茶叶生产得到较大发展，出现关于茶叶的经济法规，包括税茶、贡茶、榷茶、茶马互市等。

· 以团饼为主，也有少量粗茶和散茶。

· 出现烹饮方式，主要程序有备茶、备水、煮水、调盐、投茶、育华、分茶、饮茶、洁器 9 个步骤。煎茶法兴盛于唐、宋，历时约 500 年。

宋朝茶事

· 历史上茶饮活动及茶文化兴盛的时期。

· 宫廷茶文化盛行，宫中设有茶事机关，赏赐茶饮成为表彰大臣的一种方式。

· 民间开始兴起“斗茶”风气。

· 对茶的品质要求更为讲究，制茶技术更为精细、科学。

· 点茶法逐渐取代煎茶法而成为时尚，点茶法主要包括备器、选水、取火、候汤、调膏、击拂等环节。

元明茶事

· 茶叶加工方法简化，茶的品饮方式也逐渐趋于简化，更追求茶的“自然本性”。

· 名茶品类日渐繁多，且多属于散茶。

· 开始流行泡茶法，多用壶冲泡，即将茶放在茶壶中冲泡，然后分到茶杯中饮用。

· 文人雅士为获得品茗佳境，开创了“焚香伴茗”的品茗方式，即品茶时焚香助兴。

清朝茶事

· 出现了很多新的茶树种植和茶叶生产加工技术，如育苗移植、插枝繁殖、压条繁殖。

· 茶中不加入任何调料，只饮单纯茶汤的“清饮法”得到普及。而此前更多的是流行“调饮法”，即在茶汤中加入糖或盐等调味品以及牛奶、蜂蜜、果酱、干果等配料。

· 普洱茶盛行，深受宫廷和民间百姓的喜爱，流传甚广。

· 茶馆兴盛，既可品茗饮茶，亦可饮茶兼饮食，还能听书赏戏。

中国四大茶区

中国产茶区的分布十分广泛，受地域气候、社会经济、饮茶习俗等诸多因素的影响，目前可分为华南、西南、江南、江北四大茶区。

华南茶区

华南茶区位于中国南部，包括福建东南部、广东中南部、广西南部、云南南部，以及海南、台湾全省。该茶区属于热带、亚热带的季风气候范围，气温年均19～20℃，降水量在2100mm以上，且土壤多肥沃，土质多为赤红壤，部分为黄壤，有乔木、小乔木、灌木等各种类型的茶树品种，茶资源极为丰富，主要出产青茶、红茶、绿茶、花茶、白茶、六堡茶等。

华南茶区名茶

福建的茉莉花茶、铁观音、永春佛手；广东的凤凰水仙、英德红茶；广西的白毛茶、六堡茶；台湾的冻顶乌龙、白毫乌龙等。

西南茶区

西南茶区是中国古老的茶区，是茶树的原产地，包括云南中北部、西藏东南部，以及贵州、四川全省，重庆全市。全区地形复杂，气候差异大，大部分地区属亚热带季风气候。茶区土壤种类繁多，茶树种类多为灌木型和小乔木型，部分地区有乔木型茶树。茶叶品种以绿茶为主，也出产红碎茶、黑茶、花茶等。

西南茶区名茶

云南的普洱茶、滇红；四川的蒙顶甘露、峨眉竹叶青、蒙顶黄芽；重庆的沱茶、永川秀芽；贵州的湄潭翠芽、都匀毛尖、遵义毛峰；西藏的珠峰圣茶等。

江南茶区

江南茶区是中国茶叶主要产区之一，年产量约占全国总产量的2/3，也是中国名茶最多的茶区，包括广东、广西、福建北部，湖北、安徽、江苏南部，以及湖南、江西、浙江全省。全区多地处于低丘低山地带，土壤基本上为红壤，部分为黄壤。种植的茶树以灌木型中叶种和小叶种为主，有少部分小乔木型中叶和大叶种。生产的茶叶主要有绿茶、红茶、黑茶、青茶、花茶等。

江南茶区名茶

江苏的南京雨花茶、碧螺春、阳羡雪芽；安徽的黄山毛峰、太平猴魁、祁门红茶、九华毛峰；浙江的西湖龙井、普陀佛茶、华顶云雾、安吉白茶；湖南的君山银针、安化黑茶、南岳云雾、古丈毛尖、碣滩茶、石门银峰；江西的庐山云雾、婺源茗眉；福建的武夷岩茶、白牡丹、白毫银针；湖北的恩施玉露等。

江北茶区

江北茶区位于长江中下游北岸，包括安徽、江苏、湖北北部，河南、陕西、甘肃南部，以及山东东南部。茶区的年平均气温为15～16℃，冬季的最低气温在-10℃左右。年降水量较少，为700～1000mm，且分布不匀，常使茶树受旱。受这些因素的制约，茶树多为灌木型中叶和小叶种。适宜种植茶树的地区不多，主要产出绿茶。

江北茶区名茶

江苏的花果山云雾茶；河南的信阳毛尖；安徽的霍山黄芽、舒城兰花、六安瓜片；山东的崂山绿茶；山西的午子仙毫、紫阳毛尖等。

茶叶的分类与制作

按不同的分类标准，茶叶有多种分类方式。比如按茶叶的加工工艺、产地、采制季节、外形等的不同进行分类。现在比较通行的办法是将茶叶分为基本茶类和再加工茶类两大类。

茶叶的多种分类法

茶叶的分类方法	
按加工工艺分类	加工工艺不同，茶叶内含有的茶多酚氧化程度不同，品质也不同，通常可分为绿茶、红茶、青茶、黄茶、白茶、黑茶。绿茶茶多酚氧化程度最轻，红茶最重。
按生产季节分类	可分为春茶、夏茶、秋茶、冬茶。其中，春茶在清明前采摘的为明前茶，谷雨前采摘的为雨前茶，绿茶中以明前茶品质较好，且数量少、价格高。
按加工程度分类	可分为粗加工（粗制）茶，也称毛茶；精加工（精制）茶，即商品茶、成品茶；深加工（再加工）茶，如速溶红茶、茶多酚提取物等。
按销路分类	可分为外销茶、内销茶、边销茶和侨销茶四类。
按生产地区分类	按不同的省、区所产的茶叶不同，可分为浙茶、闽茶、赣茶、滇茶、徽茶、台茶等。
按发酵程度分类	可分为不发酵茶，如绿茶；轻发酵茶，如黄茶、白茶；半发酵茶，如青茶；重发酵茶，如红茶。
按质量级别分类	可分为特级、一级、二级、三级、四级、五级等，有的特级茶还细分为特一、特二、特三。级别不同，品质各有差异，一般级别会印在茶叶外包装上，方便消费者鉴别。

中国现代茶学把茶分为基本茶类和再加工茶类两大类，这也是目前较常见的茶叶分类。还有的将非茶之茶也列为一类。

六大基本茶类

基本茶类有绿茶、红茶、乌龙茶、白茶、黄茶和黑茶六大类，下面将就其主要特点、加工工艺等做说明，方便读者了解。

绿茶

绿茶属于不发酵茶，是我国茶叶产量最多的一类，也是中国历史上出现最早、饮用最普遍的茶类。由于干茶的色泽和冲泡后的茶汤、叶底均以绿色为主调，因此称为绿茶。绿茶的基本工艺流程为杀青、揉捻、干燥三大步骤。

杀青是制造绿茶的第一道工序，也是绿茶加工的关键步骤，其目的是通过高温终止酶的活性，保持茶叶的绿色，使之失去部分水分，变得柔软，以便成型。第二步揉捻的主要作用是使茶叶形成一定的形状。干燥是制作绿茶的最后一步。干燥是通过提温，增加物质分子运动的能量，加速水分子的蒸发，使水分散失，达到提毫保香、便于贮藏的目的。根据杀青或干燥方式的不同，绿茶又可以分为炒青绿茶、蒸青绿茶、烘青绿茶、晒青绿茶、半烘炒绿茶等。

丨视频同步学茶艺丨

绿茶的常见类型	
炒青绿茶	用锅炒的方式进行干燥，其香气鲜嫩高爽，滋味鲜嫩醇爽、回味甘甜，汤色青绿明亮、白毫明显。著名的炒青绿茶有西湖龙井、洞庭碧螺春、雨花茶、庐山云雾、六安瓜片等。
蒸青绿茶	用蒸汽杀青制成的绿茶，其品质特征有“三绿”，即干茶色泽翠绿、汤色碧绿、叶底嫩绿。代表茶有恩施玉露、仙人掌茶等。
烘青绿茶	用烘焙的方法进行干燥而成的绿茶。与炒青绿茶相比，烘青绿茶颜色较绿润、条索较完整、香气略淡、汤色叶底黄绿明亮。代表茶有黄山毛峰、敬亭绿雪等。
晒青绿茶	绿茶里较独特的品种，是指鲜叶通过杀青、揉捻后利用日光晒干的绿茶。滇青、陕青、川青等就是采用晒青的方式进行制作的。
半烘炒绿茶	在干燥过程中通过先烘后炒的方法制成的绿茶，这种绿茶既有炒青绿茶的香高味浓，又保持了烘青绿茶茶条完整、白毫显露的特点。

红茶

红茶属于“全发酵茶”，也是全球饮用量最多的一类茶。红茶是在17世纪由中国东南沿海运往欧洲的，并风行于英国皇室贵族及上层社会，以其香高、味浓、色艳而受到消费者的热爱。18世纪中期，中国红茶的制造工艺传到印度、斯里兰卡。200多年以来全世界已经有40多个国家生产红茶，红茶成为世界茶叶的大众产品。主要红茶类型有红碎茶、工夫红茶、小种红茶。祁门红茶、阿萨姆红茶、大吉岭红茶、锡兰高地红茶这四类红茶，常被称为世界四大著名红茶。

红茶的加工工艺有萎凋、揉捻、发酵、干燥四个步骤。萎凋就是将采摘下来的鲜叶摊开，使茶叶厚度在15厘米左右，并使茶叶散失一部分水分的过程。这个过程对提高茶叶的色、香、味起到了积极作用，是红茶加工工艺中不可或缺的步骤。红茶揉捻与绿茶的揉捻相似，都是起到一个造型的作用。发酵是红茶加工工艺的关键步骤，其目的是使经过揉捻的茶叶内的化合物在酶促反应下发生氧化聚合的作用，从而使茶叶红变，达到红茶所要求的干茶色泽。干燥也是红茶加工工艺的最后一步（茶叶加工工艺的最后一步一般都是干燥）。干燥可使红茶茶叶的含水量达到5%～6%，便于保存。

红茶的干茶颜色为暗红色，具有麦芽糖香、焦糖香，滋味浓厚，略带涩味。红茶中咖啡碱、茶碱较少，兴奋神经效能较低，性质温和。日常生活中女性较适宜喝红茶，除了采用清饮的方式喝红茶外，还可以采用调饮的方式，即根据不同人群的口味进行调配，如在红茶的茶汤中加入适量的牛奶和白糖制成甜润可口的奶茶，或是加入柠檬制成开胃美白的柠檬红茶等。

|视频同步学茶艺|

黑茶

黑茶是中国特有的茶类，生产历史悠久，品种花色多样，主要产于云南、湖南、湖北、四川、广西等地，其产销量仅次于红茶和绿茶。在过去，黑茶主要以边销茶为主，现在，也是内销和侨销的热门产品。

黑茶外形各异，有饼形、柱形、坨形、颗粒形等，颜色呈黑褐或乌褐色，香气贮藏一段时间后呈现出独有的陈香味。黑茶一般采用较成熟的原料制作，其加工工艺有杀青、揉捻、渥堆、干燥四大步骤。黑茶的杀青和揉捻作用与绿茶较为相似，而渥堆是黑茶加工的关键工序，其主要作用是利用微生物的酶促作用、湿热环境的水热作用，以及化学的氧化还原反应三个方面使茶叶的内含成分发生改变，形成黑茶叶色黑褐、滋味醇和、香气纯正、汤色红黄明亮的品质特点。

黑茶是边疆少数民族生活中不可或缺的饮料。生活在边疆的很多同胞每天都会食用大量的牛肉、羊肉等高能量的食物，且常饮青稞酒等高热量饮料，他们必须借助像黑茶之类消食化腻的饮料来维持人体的代谢平衡。因此，在边疆同胞的心中，他们“宁可一日无食，不可一日无茶”“一日无茶则滞，三日无茶则病”。

云南的普洱茶，湖南的黑砖茶、茯砖茶、千两茶，湖北的青砖茶，四川的康砖茶，广西的六堡茶等都是黑茶“大观园”里的“花朵”，每一款都独具特色。比如湖南的千两茶，以其大气的造型、独有的滋味、原生态的包装，受到广大消费者的喜爱，其重 36.25 千克，身长约 165 厘米，拥有“世界茶王”的美誉。

|视频同步学茶艺|

青茶（乌龙茶）

青茶又叫乌龙茶，在国际市场上，它与红茶、绿茶并列为三大茶类。乌龙茶属于半发酵茶叶，乌龙茶经过萎凋、做青、揉捻、干燥而成，从而形成了乌龙茶浓厚回甘、集红茶的醇厚与绿茶的清新于一体的独特风格。冲泡后，将其叶底展开，可看见茶叶边缘变红，因此，乌龙茶有“绿叶红镶边”之美誉。

萎凋是乌龙茶制作的第一步，一般采用日光萎凋的方式进行，萎凋程度较红茶较轻，目的是激发乌龙茶香气物质的提前生成，为做青过程中高香物质的形成奠定基础。做青是制作乌龙茶的关键步骤，包括晾青、摇青、炒青。晾青是继续萎凋过程中的一些反应；摇青则是乌龙茶“绿叶红镶边”和独特香气形成的关键步骤，摇青过程中，茶叶发生四个阶段的变化，即摇匀、摇活、摇红、摇香；炒青的目的是钝化酶活性，阻止酶促反应的继续进行。揉捻是为造型，比如制作铁观音时一般采用包揉的方式进行，以形成铁观音形似观音重如铁的颗粒状外形。干燥的目的是固定外形、巩固香气、降低水分。

乌龙茶分为四大类：闽南乌龙、闽北乌龙、台湾乌龙和广东乌龙。

闽南乌龙和闽北乌龙都属于福建乌龙茶，因做青程度不同而略有差别。闽南乌龙茶主要有铁观音、黄金桂、闽南水仙、永春佛手等；闽北乌龙茶代表茶有武夷岩茶、大红袍、武夷肉桂、闽北水仙等。广东乌龙茶是中国独有茶类，产于潮安、饶平、丰顺、蕉岭、平远等地，其主要产品有凤凰水仙、凤凰单丛、岭头单丛等。台湾乌龙有轻发酵、中发酵及重发酵的茶品，如轻发酵的文山包种，中发酵的冻顶乌龙，重发酵的东方美人，各具风韵。

|视频同步学茶艺|

黄茶

黄茶属轻微发酵茶，其品质特点是黄汤黄叶，即不仅其干茶色泽黄，汤色黄，叶底也是黄色的。

黄茶初制基本与绿茶相似，其加工工艺有杀青、闷黄、揉捻、干燥四大步骤。杀青是黄茶品质形成的基础，利用高温，破坏酶活性，并促进内含物的转化，形成黄茶特有的色、香、味。“闷黄”是黄茶特有的工序，也是黄茶制作的关键步骤。闷黄时茶坯在湿热条件下发生热化学反应，从而促使多酚类进行部分自动氧化。揉捻是黄茶的塑形工序，有的黄茶不需要揉捻，因茶而异。黄茶干燥首先得在低温的条件下进行，因为低温烘炒，水分蒸发，有利于内含物质的慢慢转化，进一步促进黄汤黄叶的形成，然后利用高温烘炒，固定已经形成的黄茶品质。

黄茶按照原料的老嫩程度分为黄芽茶、黄小茶和黄大茶，常见的黄芽茶有君山银针、蒙顶黄芽、莫干黄芽；黄小茶有沩山毛尖、北港毛尖、平阳黄汤等；黄大茶有安徽霍山黄大茶和广东大叶青等。

|视频同步学茶艺|

白茶

白茶是六大茶类中加工流程最简单的一类茶，加工步骤分萎凋和干燥两步。萎凋的目的是使多酚类化合物轻度而缓慢地氧化，以便其色泽的形成，因此，萎凋是白茶加工的关键步骤。

白茶始产于福建，按照芽叶嫩度分为白毫银针、白牡丹、贡眉三种。按茶树品种分为大白、水仙白和小白三种。白茶一般满披白毫，芽叶完整，形态自然，色泽银白灰绿，汤色清淡。

|视频同步学茶艺|

再加工茶类

再加工茶类主要有花茶、紧压茶、萃取茶、果味茶、药用保健茶、含茶饮料等。

花茶

花茶又名窨花茶或香片，是将茶叶加花窨烘而成。这种茶富有花香，以窨的花种命名，如茉莉花茶、牡丹绣球等。其颜色视茶类而异，但都会有少许花瓣存在。

紧压茶

紧压茶以红茶、绿茶、青茶、黑茶的毛茶为原料，经加工、蒸压成型而制成，因此也属于再加工茶类。我国目前生产的紧压茶主要有沱茶、普洱方茶、竹筒茶、米砖、花砖、黑砖、茯砖、青砖、康砖、金尖茶、方包茶、六堡茶、湘尖、紧茶、圆茶和饼茶等。其颜色大都是暗色，视采用何种茶类为原料而有所不同。

萃取茶

以成品茶或半成品茶为原料，萃取茶叶中的可溶物，过滤弃渣，汁经浓缩或不浓缩，干燥或不干燥，制备成固态或液态茶，统称萃取茶。主要有罐装茶、浓缩茶及速溶茶。

果味茶

果味茶就是在茶叶半成品或成品中加入果汁后制成的各种含有水果味的茶。这类茶叶既有茶味又有果香味，风味独特，如荔枝红茶、柠檬红茶、山楂茶等。

药用保健茶

药用保健茶是用茶叶和某些中药或食品拼和调配后制成的。由于茶叶本来就有保健作用，经过调配，更加强了它的某些防病治病的功效。

含茶饮料

含茶饮料，即在饮料中添加各种茶汁而开发出来的新型饮料，如茶可乐、茶露、茶叶汽水。

非茶之茶

非茶之茶是指不是茶叶的代用茶，如杜仲茶、冬瓜茶、绞股蓝茶、刺五加茶、玄米茶等。此类茶大都是以有疗效而被人们所饮用，因此，也被称为保健茶，广泛流传于民间，但并非真正的茶。

茶叶的贮藏与保管

|视频同步学茶艺|

茶叶是季节性产品，一般产茶季节在每年的 3 ~ 9 月，而消费者购买茶叶却没有固定的季节，因此，为了满足四季皆可饮茶的需求，我们应掌握贮藏茶叶的正确方法。

贮藏茶叶的基本要求

茶叶是疏松多孔物质，极易吸潮、吸附异味，故贮藏茶叶的基本要求是严格防止茶叶吸附异味，并在干燥、低温、含氧量少、避光处贮藏。

低温

温度每升高10℃，茶叶色泽褐变的速度增加3 ~ 5倍。低温可以减缓茶叶变质的速度。经验表明，茶叶贮藏温度一般应控制在5℃以下，最好是在-10℃的冷库或冷柜中贮藏，才能较长时间地保持茶叶味道不变。

干燥

研究表明，当茶叶水分含量在 3% 时，茶叶成分与水分子几乎呈现单分子关系，可以较好地阻止脂质的氧化变质。茶叶包装前含水量不宜超过 6%。当含水量超过 6% 时，很难保持茶叶的新鲜风味。因此，贮藏环境的干燥十分重要。

密封

氧气会使茶叶中的化学成分如脂类、茶多酚、维生素 C 等氧化，使茶叶变质。因此，隔绝氧是延长茶叶保鲜期的关键一步。

避光

光能引起茶叶中叶绿素等物质的氧化，使茶叶变色。光还能使茶叶变为“日晒味”，导致茶叶香气降低。

清洁

防止外来物质的影响。茶叶很容易吸收环境中的异味，包括茶叶的包装袋、盒等容器的气味。因此，保管时应选择无异味、符合食品安全标准的包装，并置放于无杂味的环境中。

实用茶叶贮藏法

正确地贮藏茶叶，可以把影响茶叶的外部作用减至最小，从而最大程度地使茶叶保鲜。以下介绍几种家庭或茶艺馆常用的茶叶保鲜法。

|视频同步学茶艺|

低温储藏法

利用冷藏室（室内要有防潮装置）或冰箱贮藏。可将茶叶密封包装后，放入冰箱冷藏柜。最好单独为茶叶准备一个保鲜柜，如需与其他食物共冷藏（冻），茶叶应妥善包装，完全密封以免吸附异味。通常贮存期在6个月以内者，冷藏温度应维持在0～5℃；贮存期超过半年者，温度控制在-18～-10℃为佳。

抽气真空贮藏法

这是近年来名茶贮藏的主要方法。事先购买一台小型家用真空抽气机和一些镀铝复合袋（250克或500克），将新购的茶叶分装入复合袋内，抽气后封口，然后再分品种装入纸箱，用一袋开一袋。这样的贮藏方法适合茶艺馆。操作得当，有效保存期为两年，如果抽真空后冷藏，可保存两年以上。

密封贮藏法

如果没有真空抽气机，可购买一台小型手动封口机，用镀铝复合袋或双层塑料袋装好茶叶后即封口。茶叶水分在4%以下时可存放一年。若封口后放在家庭冰箱的冷藏室内，那么即使放上一年，茶叶仍然芳香如初，色泽如新。

干燥剂保管法

用生石灰或目前市场上出售的高级干燥剂（硅胶）来吸收茶叶中的水分，使茶叶充分保持干燥，效果较好。新茶贮藏一个月后换一次干燥剂，以后每两三个月换一次。这样即使经过较长的时间，也能保持茶叶品质。

罐贮法

此法是采用目前市售的各种专用茶叶纸罐、瓷罐、铁罐等来放置茶叶。另外，放置过其他食品的马口铁罐，清洗干净并去除异味后也可用来装茶。装茶时最好先内套一个极薄的塑料袋。每罐中可放入1～2小包干燥的硅胶，装好后加盖密封，贴上标签，注明品种、生产日期（或采购日期），存放于阴凉避光处。

不同茶叶品类的贮藏方式

不同种类的茶叶，贮存方法也不同，下面分别介绍一下。

绿茶

绿茶非常容易变质，也极易失去色泽及特有的香气。家庭贮藏名优绿茶可采用生石灰或干燥硅胶吸湿，包装好后置于冰箱冷藏或茶叶罐中常温保管。

茉莉花茶

茉莉花茶是绿茶的再加工茶，其含水量高，易变质，保管时应注意防潮，尽量存放于阴凉、干燥、无异味的环境中。

青茶

青茶属于半发酵茶，轻发酵的青茶储存可像绿茶一样——防晒、防潮、防异味。重发酵的青茶比绿茶耐存，不放在冰柜的话，绿茶通常只能保质1年，而重发酵青茶可保存2~3年或更长时间。

红茶

相对于绿茶和青茶来说，红茶陈化变质较慢，较易贮藏。避开光照、高温及有异味的物品，就可以保存较长时间。

黑茶

如果保存得当，在一定时间内黑茶通常是越久越醇，价值越高。如果茶叶数量较多，可采用“陶缸堆陈法”，即将老茶、新茶掺杂置入广口陶缸内，以利陈化；如果是即将饮用的茶饼或茶砖，可将其整片拆为散茶，放入陶罐中（勿选不透气的金属罐），静置半月后即可取用。

茶的保健与养生功能

视频同步学茶艺

中医认为茶是一种进可攻、退可补的药材，对五脏六腑有较全面的温补作用。现代科学研究也证实，茶含有多种有益成分，有助消化、提神、降血脂、降血压、抗疲劳和减肥等作用。

茶的主要成分及养生功效

我们将和人体健康息息相关的茶叶的有效成分分成以下几类来说明。

茶多酚

其为可溶性化合物，占茶叶干物质总量的 20% ~ 35%，主要由儿茶素类、黄酮类化合物、花青素和酚酸组成。其中，儿茶素类约占茶多酚总量的 50% ~ 80%，它是茶叶发挥药理保健作用的主要活性成分，医学界也称之为“维生素 P 群”。现已证明，茶多酚类物质的功效很多，如防止血管硬化、动脉粥样硬化以及降血脂、消炎抑菌、防辐射、抗癌、抗突变等。大叶种、夏茶、嫩度高的原料中茶多酚的含量较高。

生物碱

生物碱又称植物碱，主要有咖啡碱、茶叶碱和可可碱三种嘌呤碱。其中，咖啡碱含量较高，占茶干重的 2% ~ 4%，其他两种含量极低。咖啡碱具有苦味，其主要的生物活性功能有提神、助消化、利尿等，且在人体正常饮用剂量下，不会有致病、致癌和突变的危险。大叶种、嫩度高、夏茶中的生物碱的含量较高。

氨基酸

茶中游离氨基酸，占茶叶干物质总量的 1% ~ 4%，以茶氨酸的含量最高，占茶叶游离氨基酸总量的 50% 以上。茶氨酸可促进大脑功能和神经的生长，预防帕金森病、老年痴呆症等疾病，还具有降压安神、改善睡眠和抗氧化等功能。

蛋白质和糖类

茶叶中的蛋白质含量约为 26%，但能溶于水的约为 1%，即使每天饮茶 10 克，提供的蛋白质的量也不超过 0.1 克。茶多糖则是茶叶中重要的生物活性物质之一，它具有降血糖、降血脂和防治糖尿病的作用。

茶叶色素

茶叶色素有脂溶性和水溶性两大类。水溶性色素主要是指花青素及茶红素、茶黄素和茶褐素；叶绿素、类胡萝卜素则属于脂溶性色素。茶黄素能显著提高超氧化物歧化酶（SOD）的活性，清除人体内的自由基，阻止自由基对机体的损伤，预防和治疗心血管疾病等，具有良好的抗氧化及抗肿瘤功效。

芳香类物质

茶叶中的芳香类物质是指茶叶中易挥发性物质的总称。茶叶香气的形成和香气的浓淡，既受不同茶树品种、采收季节、叶质老嫩的影响，也受不同制茶工艺和技术的影响。茶叶中的芳香类物质不仅增强了茶的品质，还能令人神清气爽、心旷神怡。

维生素类

茶叶中含有丰富的维生素，其含量占干物质总量的 0.6% ~ 1%，分水溶性和脂溶性两类。由于饮茶通常是采用冲泡饮用的方式，所以脂溶性维生素几乎不能溶出而难以被人体吸收。水溶性维生素主要为维生素 C 和 B 族维生素，高档名优绿茶中维生素 C 含量高，一般每 100 克高级绿茶中维生素 C 含量可达 250 毫克左右，最高可达 500 毫克以上。维生素 C 能增强抵抗力，促进伤口愈合，防治坏血病。

矿物质

茶叶中含有多种矿物质，如磷、钾、钙、镁等，这些矿物质元素多数对人体健康有益。其中，微量元素氟的含量极高，可有效预防龋齿和老年骨质疏松症；在缺硒地区，普及饮用富硒的茶，有助解决硒缺乏的问题；茶叶中的锌含量高，尤其是绿茶，是锌的优质营养源。

科学饮茶

每个人的情况不同，如不同的年龄、性别、身体素质等，同时茶叶也具有多样性，不同茶类因加工工艺不同所含的成分不同。因此，选择茶叶时一定要考虑到自身实际情况，并注意科学的饮茶方法，这样才能充分发挥茶的养生保健功能。

饮茶时间、方法及用量

一般来说，作为饮料，饮茶的时间并没有严格的规定，只要口渴，只要体内需要补充水分，随时都可以饮茶。但是，从科学和保健的角度，饮茶的时间又很有讲究。空腹饮茶，尤其是浓茶，对胃有刺激作用；饭后立即饮茶又会冲淡胃液，不利于消化，这些情况都不宜饮茶。适宜的饮茶时间应该在饭后半小时开始。

饮茶应注意浓淡适中、多次慢饮。比如，吃完早餐后可冲泡一杯浓度适中的绿茶，逐次冲饮，续泡 2 ~ 3 次至味淡后弃除茶渣，根据各人习惯可以再新泡一杯，到午饭前半小时；午饭后半小时再新泡一杯红茶，逐次冲饮，至晚餐前半小时。对茶敏感、饮茶后影响睡眠的人，晚间就不宜再喝浓茶，而对茶不敏感的人，晚饭后半小时还可以冲泡一杯普洱熟茶或是其他黑茶，慢慢啜饮。

|视频同步学茶艺|

一般来说，绿茶、红茶、花茶等细嫩茶叶，一天饮用量为 6 ~ 12 克，根据各人身体状况和习惯分 2 ~ 4 次冲泡。乌龙茶、普洱茶一天饮用量为 12 ~ 20 克，分 2 ~ 3 次冲泡。

饮茶与进食、服药的关系

饮茶具有解油腻、助消化的作用。大量进食肉、蛋、奶等脂肪量高的食物后，可以喝些浓茶，茶汁会和脂肪类食物形成乳浊液，促进胃内食物排空，使胃部舒畅。进食海鲜、豆制品等高蛋白食物后不宜立即饮茶，以免茶中的多酚类物质与食物中的蛋白质产生作用，影响人体对营养的吸收。

药物的种类繁多，性质各异，能否用茶水服药，不能一概而论。一般，含铁、钙、铝等成分的西药、蛋白类的酶制剂和微生物类的药品都不宜用茶水送服，以免降低药效或产生不良作用。茶叶中含有具有兴奋作用的咖啡碱，因此茶不宜与安神、止咳、抗过敏、助眠的镇静类药物同服。有些中草药如人参、麻黄、钩藤、黄连、土茯苓等也不宜与茶水混饮。一般认为，服药 2 小时内不宜饮茶。而服用某些维生素类、兴奋剂、降血糖、降血脂、利尿和提高白血球的药物时，茶水对药效无不良影响。

特殊人群饮茶注意

儿童适量喝一些淡茶（为成人喝茶浓度的 1/3），可以帮助消化、调节神经系统、防龋齿；儿童不宜喝浓茶，以免引起缺铁性贫血；饮茶也不宜过多，以免使体内水分增多，加重心肾负担。

女性怀孕期间忌饮浓茶和茶多酚、咖啡碱含量高的高档绿茶或大叶种茶，以防止孕期缺铁性贫血；哺乳期妇女饮浓茶可使过多的咖啡碱进入乳汁，会间接导致婴儿兴奋，引起少眠和多啼哭。

老年人饮茶要适时、适量、饮好茶。老年人吸收功能、代谢功能衰退，心肺功能减退，每次饮茶最好不要过浓过多，以免影响骨代谢，加重心脏负担。老年人晚间、睡前尤其不能多饮茶、饮浓茶，以免兴奋神经，增加排尿量，影响睡眠。

心血管疾病和糖尿病患者可以适量持久地饮茶，有利于心血管症状的改善，降低血脂、胆固醇，增进血液抗凝固性，增加毛细血管的弹性。糖尿病患者可适当增加饮茶量，最好用采自老茶树鲜叶加工的茶叶，用低于 50℃的冷开水充分浸泡后饮用。

消化道疾病、心脏病、肾功能不全患者，一般不宜饮高档绿茶，特别是刚炒制的新茶，以减轻茶多酚对消化道黏膜的刺激，减少心脏和肾脏的负担。

第二章

造雅境

明窗净几，

一瓯茶，一炉香，一轴画，一支曲，一丛花。

品赏者置身于这清新舒适的雅境，

于茶香袅袅中，

边闻香品茗，

边观汤赏器，

融诗情画意于一体，

从不同的角度获得不同的审美需求，

真乃趣味无穷。

品茶环境要求

古往今来，诸多品茶者都非常注重品茗环境的选择，期望能通过“景、情、味”三者的有机结合，从而产生最佳的心境和精神状态。品茶环境可以分为两大类——物境和人境。

物境

物境是茶艺活动所处的客观环境。物境与茶艺活动的氛围直接相关。有好环境，即使是普通的茶也会品出上好的味道来，纷乱的心情也会得到平静；没有好环境，再好的茶、再细心的准备都会让人觉得索然无味。

一般来说，品茶的物境由建筑物、园林、摆设、茶具等因素组成。这些因素的有机组成，才能形成良好的品茗环境。具体包括地域风情、自然景物、人工设施及节令气候等诸多室外因素，以及茶具的陈列、字画的悬挂、样茶的欣赏、背景音乐的烘托等室内因素。

历代茶人十分注重品茗环境的选择，或青山翠竹、小桥流水，或琴棋书画、幽居雅室，追求的是一种天然的情趣和文雅的氛围。明代徐渭指出宜茶环境：“精舍、云林、竹灶、幽人雅士，寒宵兀坐，松月下、花鸟间，清流白云，绿鲜苍苔，素手汲泉，红妆扫雪、船头吹火，竹里飘烟。”在这样的环境里，人可以感受到身心与自然的融合，获得彻底的宁静。

如唐代诗人杜甫的《重过何氏五首之三》：

落日平台上，春风啜茗时。

石阑斜点笔，桐叶坐题诗。

翡翠鸣衣桁，蜻蜓立钓丝。

自逢今日兴，来往亦无期。

诗的大意是：春天的傍晚，夕阳从平台上缓缓落下，好像依依不舍地与我告别。在夕阳余晖里，春风拂面，我坐在梧桐的绿荫里品茗题诗。翡翠般漂亮的水鸟在屋檐上歌唱助兴，蜻蜓静静地立在钓杆上望着我出神。今天在这里高兴地相聚之后，说不准什么时候才有机会再相会。此诗情景交融，动静结合，有声有色，虚实相生，令人读后情不自禁产生“鸟兽禽鱼自来亲人”的感受。

显然这已不是单纯的对自然环境提出的要求了。中国茶艺中的品茗之境不仅包含了茶人们对幽静环境的精神追求，更集中体现了古代茶人那种超凡脱俗的精神境界，对美的理解不仅仅停留在美的事物的表象之上，更深地体现在思想和精神上的自我完善。

人境

茶艺是人与人之间的交流，而且是一种高水平、高质量的交流，对于交流者的品位及现场的气氛十分讲究。相对于物境来说，人境是高一个层次的环境。人境包括人数、人品、心境三方面。这三方面都会对饮茶的情境产生很大的影响。

人数

历代茶人根据参加品饮活动的人数提出：独啜得神、对饮得趣、众饮得慧。

独啜得神，这是古今品茶人最认可的体验。一个人独自品茶，实际上是茶人与茶的对话，与茶道的圆融，与大自然的合一，与心灵的共同升华。

知己对坐，可以品评茶道，可以促膝读心，可以纵论世道人心。这样的对饮在知己之间是很有吸引力的。知己难得，退而求其次，找个志趣相投的人也可以。一般来说，知己及志趣相投者不一定是同一阶层的人，但一定是品位一致的人。

独饮与对饮是寂寞的茶事，许多人聚在一起，热热闹闹地喝茶才是中国人的最爱，这也符合传统的娱乐观念——独乐乐不如众乐乐。三五知己，八九同行，相聚在茶馆茶厅，在浓浓的茶香滋润下，在袅袅乐曲的销魂中，收获的一定是友谊、知识、启迪和睿智，缘此，我们说“众饮得慧”，也是有其道理的。

人品

人品主要说的是对茶侣的选择与要求。唐代以前，人们认为喝茶的人就是品行高洁的人，于是众多名士在多种场合用茶来招待朋友及下属，对茶侣的要求不是很高。

后来人们认为茶侣应该是学问上的知己。茶艺与其他艺术一样，要遇到知音，至少也要遇到懂得欣赏的人，才能体现出它的魅力。知己是难得的，与知己饮茶是最理想不过的，但若是只与知己饮茶，很多人就没茶喝了。所以，陆羽说："茶之为用味至寒，为饮最宜精，行俭德之人。"强调的是品位上的相近。

心境

在茶境中，心境是最重要的。一个人在心情好的时候，对周围的事、物、人也都会有个比较好的印象，心情不好的时候，同样的事物却会产生相反的印象。要享受一杯茶，需要有相对平和的心情，过分的高兴、悲伤、愤怒，都不是品茶的心境。

以茶静心。中国人在开始饮茶时就发现茶有静心宁神的作用。这一方面是茶的自然功效；另一方面，在茶艺的氛围中，宁静的气氛可以给人以心理上的安抚。

心静才能茶香。茶的味道很丰富，有苦、涩、甘、酸、辛；水的味道很清淡，但也有甘、寒、淡的区别，煮出来的水与未沸的水不同，煮老的水与煮嫩的水不同，这些味道需要静下心来才能品得出来。因此，同样的一盏茶，不同的人品饮，味道是不一样的。

心静有两层意思，一是情绪平静，一是保持平常心。情绪的平静往往来自于事业和生活的顺利；平常心是茶艺中最重要的，有平常心才能真正做到心静，才能真正品出茶与茶艺的滋味。而如何能获得真正的静心呢？静心由修炼得来。对于品茶者来说，这种修炼首先是茶艺上的亲自劳作；其次，读书与艺术也是静心方法。

茶艺音乐

在茶艺过程中重视用音乐来营造环境。音乐可以陶冶人的情操，增加美的效果，给人以舒适的感受，进而提升茶艺的内涵。不同的茶艺宜搭配不同的音乐。

绿茶茶艺音乐

中国绿茶生产历史最久，花色品种最多，外观造型千姿百态，清汤绿叶，十分诱人，香气、滋味各具特色。绿茶使用的茶具主要是玻璃、青瓷、白瓷，并经常以绿色植物作为搭配。因此绿茶最大限度地表现了宁静致远的民族性格，绿茶的品质及其品饮氛围具有“顺应自然、贴近自然”的特征。若把绿茶比喻成佳人的话，它就像是清丽脱俗、清纯可爱、风韵天成的春妆处子。

为了与绿茶的这些文化特质相匹配，在绿茶茶艺中，最好选取一些笛子、古筝或江南丝竹音乐作为配乐。如在表演绿茶中“色绿、香郁、味醇、形美”的西湖龙井的茶艺时，配上古筝曲《平湖秋月》，可以表现出西湖的山水美。《平湖秋月》是广东音乐名家绿文成在金秋时节畅游杭州时，触景生情而创作的。此曲刻画了晚风轻拂，水波荡漾，素月幽静的秋夜西湖美景。全曲一气呵成，流畅抒情，被誉为中国器乐作品中最出色的旋律之一。观众听着这优美的乐曲，于是“欲把西湖比西子”“从来佳茗似佳人”的美好感觉在优美的古筝曲中映现，从此便迷上了那压着美丽白娘子的雷峰塔，以及那西湖畔撑着油纸伞的美人儿。

在冲泡碧螺春的时候，音乐背景可选择笛子名曲《姑苏行》。《姑苏行》是表现姑苏的美丽风光和人们游览时的愉悦心情的一首曲调，是一首颇具江南丝竹韵味的笛曲。此曲悠长的音色，给人一种悠而不染、清新脱俗的感觉，用来表现绿茶的清纯无染最合适不过了。

乌龙茶茶艺音乐

乌龙茶，是六大茶类中加工工艺最复杂，茶叶风味最独特，香气滋味变化最丰富，茶具及茶艺表演最讲究的一种茶。其茶艺流程一般较为复杂，多引用一些历史典故，文化内涵丰富，舞台表现力强，所以茶艺背景音乐应该选择比较著名并且耳熟能详的古曲，如《春江花月夜》《空山鸟语》等。这些曲子曲调优美、平缓，当音乐响起来时，一边享受音乐一边品味茶中无可言喻的悠久韵味，使茶叶随着音乐的起伏在人心中更深更远，更沉更香。

红茶茶艺音乐

红茶具有“干茶色泽乌黑、汤色红艳明亮、滋味浓强”的特点。红茶茶性温和、滋味醇厚、具有极好的兼容性。红茶性暖，适合秋天啜饮，它的品饮氛围具有温馨、亲和的特征，而且由于英国下午茶的盛行，红茶茶具的选择和环境的营造经常会带有适当的西洋风格。

所以，红茶茶艺选择配乐时，可考虑钢琴、萨克斯、小提琴等乐器演奏的抒情音乐。它们的音色比较柔和，比较容易进入红茶的意境。另外，还可适当考虑近现代的一些用人声演唱的抒情音乐，可表现红茶的时代性，如《蓝色多瑙河》《春之声》《天鹅湖》等曲子，能使人心神宁静，进入品茶的意境。

黑茶茶艺音乐

黑茶总体特点是原料相对成熟，且“越陈越香”，茶人常将其比喻成阅历深厚、平和淡定的智者。因此，雄浑有力或者线条明朗的音乐能够体现出黑茶的气魄与底蕴，如古琴《良宵引》。这是一首描写月夜轻风，良宵雅兴的琴曲。乐曲结构精致，旋律婉转，曲风恬静，引人入胜；乐曲的开头用了和《乌夜啼》极为相似的泛音曲调，给人一种安静、祥和的感觉，将人们引入夜色朦胧的意境；曲终时，它又变形再现，使首尾遥相呼应。上下八度，也给人一种很大幅度的上下起落的感觉。在音乐表现意境上，冰轮初上，静谧星稀，含缥缈凌云之致；曲调平淡、细腻，有中正平和之感。在万籁俱寂的秋夜，闲庭信步。一曲《良宵引》，清风入弦，绝去尘嚣，琴声幽幽，令人神往，与黑茶茶艺的古朴厚重意趣十分融合。

若用以表达边疆少数同胞的品饮风情，则可结合民族特点，选用民族音乐。

花茶茶艺音乐

古筝音乐由于总体感觉比较流动，能很好地体现花茶的茶之韵和花之香，是较好的花茶茶艺音乐。花茶中以茉莉花茶最为常见，在配乐时可以选用古筝曲《茉莉芬芳》。此曲以江浙名歌《茉莉花》的曲调为基调，通过节奏上的变化及古筝富有特色的技法，使曲调犹如田园诗意般抒情流畅。全曲赞美了茉莉花的洁白无瑕和扑鼻芳香，具有浓郁的江南地方色彩。在品饮时，茉莉花茶浓郁的香气加上熟悉的《茉莉花》的优美旋律，让人陶醉在一片茉莉花丛中。花茶茶艺中也可以适当考虑扬琴、柳琴等其他弹拨类乐器演奏的音乐。

此外，音乐在营造茶馆宁静气氛时是必不可少的，一般以丝竹类为主，多弹奏平和的曲调。闲静品茶是文人茶艺的主要特点，乐器自然也应当是文人比较喜欢的乐器。一般来说，古琴与萧更为幽静些，笛与古筝则要明快些。

茶艺插花

“花宜茶”，因为花美、花香、花有韵。借助插花艺术点缀、布置茶席，把花艺的美融入茶、融入生活，更能提升品茗意境，增添茶艺的魅力，给人以美的享受与体验。

中国花文化的特点

花是美的象征。中国是世界上拥有花卉种类较多、很爱花的国度。因为“华夏”“中华”之“华”在古文中就是“花”，所以中国人对花自然有一份特殊的感情。在人与花相伴的过程中，花逐渐融入了人的生活。而人也逐渐把感情和文化融入花，形成了独特的中华民族花文化。

受孔子“知者乐水、仁者乐山”君子比德审美理论的影响，国人对花的审美有鲜明的移情现象，即把百花都人格化。古人对花有四君子、十二友、一王、一相之说。文士茶人常常把梅、兰、竹、菊并列，称为“四君子”，亦有人把荷花列为君子。此外，玫瑰、月季、杜鹃、山茶、琼花、牡丹、芍药、迎春、白玉兰、杏花、梨花、丁香、紫薇、扶桑、木芙蓉、合欢、棠棣、紫藤、绣球、百合花、君子兰、一串红、睡莲等名花以及许多观叶为主的植物，我国文士也都赋予了它们人文精神。其中，文人们把“国色天香”的牡丹封为“花王”，把芍药封为“花相”。

1987 年 5 月，经海内外 15 万爱花者和全国 100 多位园林花卉专家投票评选出了中国传统十大名花，有关专家也都给了它们誉称：梅花——雪中高士、牡丹——花王、菊花——花中隐士、兰花——空谷佳人、月季——花中皇后、杜鹃——花中西施、山茶花——花中妃子、荷花——花中君子、桂花——花中仙客、水仙花——凌波仙子。我们在茶道插花时，应当尊重传统，通过彰显花的品格来表达茶道精神。

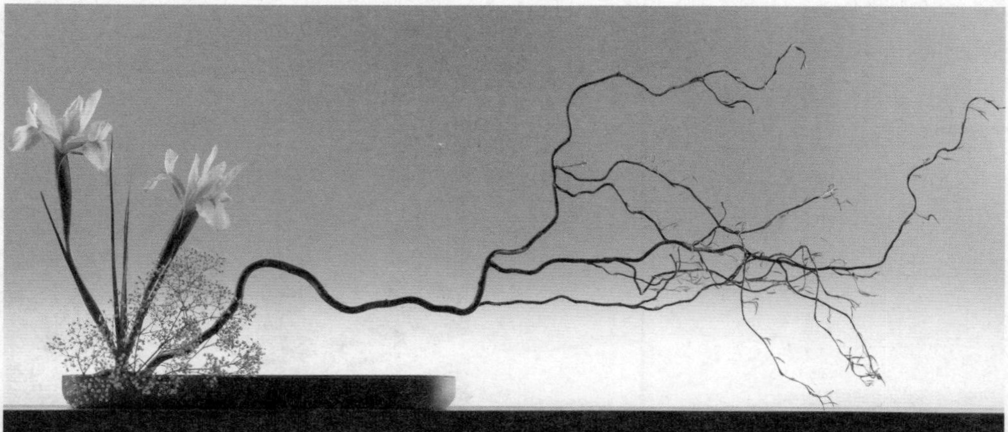

中国花文化的多功能性

花文化在我国既是审美文化、休闲文化，能给人们带来精神的愉悦和心理的满足，同时中国的花文化也具有功利性，如花卉食品、花草花果茶、香花疗法，等等。

爱花是人类的共性，不少国家都有各自的国花，不少城市也有各自的市花，每一位茶人也有各自不同的花卉喜好。在茶艺插花时，如能结合茶会主题，巧妙地选用客人所在国的国花或所在地的市花，并考虑到客人的喜好，他一定会备感亲切、温馨。

中国茶艺与花艺

插花是利用鲜花表现植物自然美的一种造型艺术。插花的创造过程也就是艺术的创造过程。它能给人以追求美、创造美的喜悦和享受，起到怡情养性、陶冶情操的作用。现代中国茶艺与花艺的联系，主要是利用花卉点缀、布置茶席，以及用花卉调制花草茶、花果茶。

中国茶艺插花艺术应遵循茶道美学的基本原则，根据茶艺主题，选用最适当的花卉，借助花卉的色彩美、姿态美、香味美、风韵美以及内在品格美，来美化品茗环境，突出茶艺主题，提升品茗意境，增强茶艺的艺术魅力，同时激发国人对中华民族多姿多彩的传统文化的热爱，增进弘扬国粹的热情。

茶艺插花的显著特点是简素（宫廷茶艺除外）。选择花材时重视花枝的美妙姿态和精神风貌，用花语、花候、花色、花姿、花香、花韵来表达茶艺的主题。在器皿选择方面，亦是根据茶艺的主题而定，可选陶、瓷、铜、石、玉、竹、木等不同材质的器皿。在造型时常可与奇石、古玩、丝绸等相结合，讲究线条飘逸自然，构图多不对称，通过宾主、虚实、刚柔、高低、疏密以及色泽的调和与对比，用最简约的花卉，创造出富有诗意的美感，表达出茶艺主题所追求的自然美、和谐美、简素美、枯高美、幽玄美。

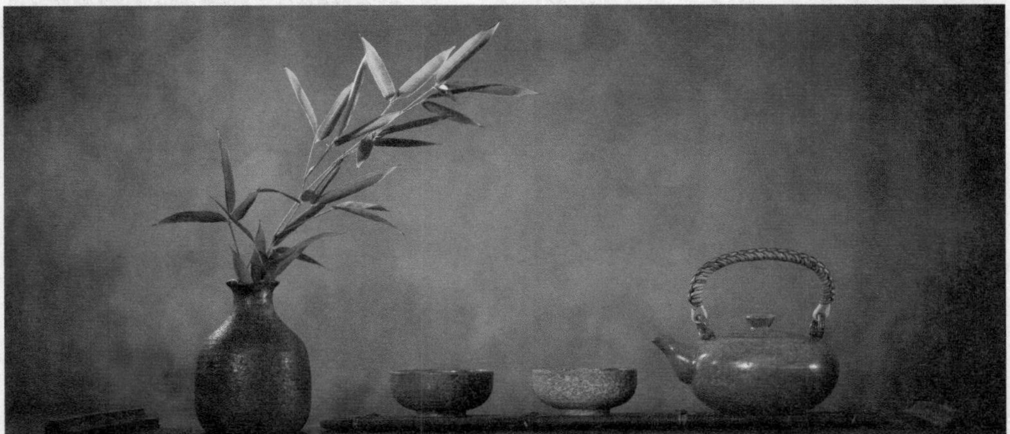

茶艺
熏香

香，是大自然的产物，是能通过人的嗅觉器官引起人精神愉悦的气味。在茶事活动中，巧妙用“香”可以起到营造气氛、净化心灵，促进茶人对茶道的理解和感悟的作用。

中国香文化

从中华民族的文明史看，香的使用几乎涵盖了民众生活的方方面面。香在我国既属于物质范畴，又属于精神范畴。近年有些学者挖掘、归纳、总结了中华民族用香的方式，提出了“中国香道”这一概念，因其理论体系尚欠完备，暂且称为“香艺”。

从古至今，从宫廷到民间，都有焚香净气、焚香抚琴、吟诗作画和焚香静坐健身的习俗。清太和殿前陛的左右有四只香几，上置三足香炉，皇帝升殿时，炉内焚起檀香，致金銮殿内香烟缭绕，香气四溢，使人精神振奋。古时的诸葛孔明，弹琴时不仅有童子相侍左右，而且常置香案，焚香助兴。古代文士淑女操琴时焚香，也是为了创造一种幽静风雅的氛围。北宋文豪苏东坡，更十分青睐焚香静坐和修身养性。他在赴海南儋州途中购买十多斤檀香，并建一“息轩”，常在轩中焚香静坐。他题诗曰：“无事此静坐，一日是两日，若活七十年，便是百四十。”可见焚香静坐的养生健体之功。现代国画大师齐白石也十分尊崇焚香作画的神奇作用。他说：“观画，在香雾飘动中可以达到入神境界；作画，我也于香雾中做到似与不似之间，写意而能传神。”在家中经常焚香，可以醒脑清神，去浊存清，提高工作和学习效率，且有延年益寿之功。

中国的香文化在唐朝时由高僧鉴真传到日本。日本人发扬光大了香文化。他们认为香有“静心契道、品评审美、励志翰文、调和身心”的四大品德，把用香的艺术称为“香道”。在日本，香道与茶道、花道一起构成了日本传统文化的“三雅道”。

茶艺与香艺

中国茶道讲究“茶须静品，香能通灵”。徐惟在《茗谭》中说：“品茗最是清事，若无好香佳炉，遂乏一段幽趣；焚香雅有逸韵，若无名茶浮碗，终少一番胜缘。是故茶香两相为用，缺一不可。”香气对人的身心都有直接影响，好香不仅能使人心旷神怡，而且能助人进入禅境。茶人认为香是有生命的，它在燃烧过程中不停地与人对话，它能激活人的想象力，使时空都充满诗意。在中国古代茶事活动中，早就有焚香助茶的例子。如宋代杨万里在品双井茶时诗云：“瓣香急试博山火，两袖忽生南海云”；宋代朱熹的“炷香瀹茗知何处，十二峰前海月明”；明代汤显祖的“村歌晓日茶初出，社鼓春风麦始尝。大是山中好长日，萧萧衙院隐焚香”；陆容的“法藏名僧知更好，香烟茶晕满袈裟”。写的都是在不同场合下，茶与香的完美结合。

香与茶正式结合成为茶事活动中的一道程序始于朱权。他在《茶谱》中明确提出在泡茶之前“命一童子设香案，携茶炉于前，一童子出茶具”。为了防止焚香时香气对茶的影响，一般在空间较小的室内不焚香，或尽量选择香气淡雅的茶品，其目的主要是借助悠悠袅袅、缥缥缈缈、冉冉上升的香烟为品茗营造一种庄严肃穆的气氛，并且点香能使人的心变得空灵虚静，使人的自性升华，有利于宁神品茗、澄心体道。我们建议，审评茶叶时或在营销型茶艺中不宜点香，而表演型、待客型以及修身养性型茶艺，均可根据茶艺主题的内容来决定用不用香，用什么香，以及以什么方式用香。

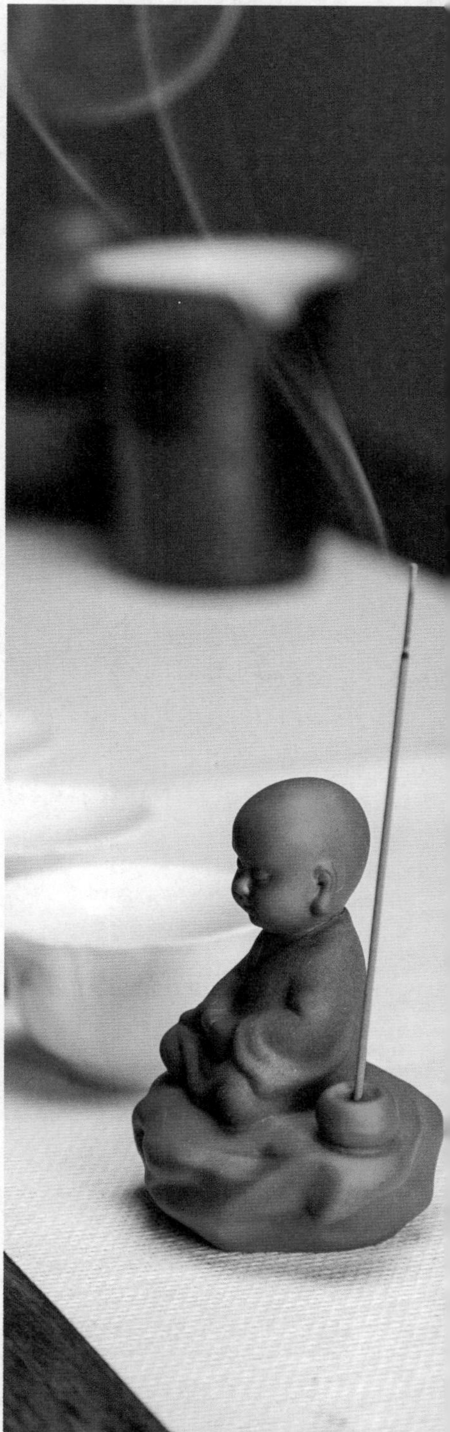

茶室挂画

挂画，也称为挂轴，这是茶席布置时的重要内容。因为茶艺表演时所挂的字画是茶艺风格和主题的集中表现，所以在茶席布置时，挂画常起到画龙点睛的作用。

茶室挂画的常见类型

茶室挂画从内容上看分为字与画两大类。从其装裱和尺寸看，可分为中堂、斗方、条幅、扇面、对联、横幅等。其中，在茶艺文化中最重要的是中堂画与对联。

中堂画通常挂于茶室主墙面，正对着门的地方，是整个房间的视觉中心，其作品的内容、装裱方式、色彩等都决定着茶室的艺术风格。因此，茶室是否挂中堂，要根据茶室的面积、高度、装修风格慎之又慎地考虑后再决定。中堂画的素材包含人物、神像、山水、花鸟、风景，其风格有年画系列、国画系列、油画系列。

对联也称楹联，常挂于大门两边的壁柱上或主墙面挂轴的两边。楹联平仄严谨、言简意赅、内容丰富、寓意深刻，最宜用来表明主人的志趣，彰显茶室的风格或茶艺的主题。

茶室挂画的美学讲究

中国自古就有“坐卧高堂，究尽泉壑”之说，在茶室张挂字画的风格、技法、内容是表现主人胸怀和素养的一种方式，所以很受重视。

注意位置的选择

主题书画的位置宜选在一进门时目光的第一个落点或主墙面，也可选在泡茶台的前上方，主宾座席的正上方等明显之处。

注意采光

挂画时应注意采光，特别是绘画作品。在向阳居室的绘画作品宜张挂在与窗户成直角的墙壁上，通常能得到最佳的观赏效果。如果自然采光的效果不理想，应配置灯具补光。

注意挂字画的高度

为了便于欣赏，画面中心以离地 2 米为宜。字体小或工笔画可适当低一些。若是画框，与背后墙面成 15 ~ 30 度角为宜。

注意简素美

茶室张挂的字画宜少不宜多，应重点突出，画面的内容也要尽可能精练简素。当茶室不是很大时，一幅精心挑选的主题字画，再配一两幅陪衬就足够了。

注意字画的色彩

字画的色彩要与室内的装修和陈设相协调。主题字画与陪衬点缀的字画，无论是内容还是装裱形式都要求能相得益彰。

茶室书画的内容

茶室所挂的字画可分为两大类，一类是相对稳定，长久张挂的，这类书画的内容主要根据茶室的名称、风格及主人的兴趣爱好而定。例如，佛教风格的茶室，可命名为“一味轩”，室内主墙面可挂一横幅“茶禅一味”，侧墙面配一斗方“茶禅一味，甘苦一味，味味一味，醍醐法味”。若是道家风格的茶室，可命名为“天香阁”，横幅或挂轴上可选“道法自然”“天人合一”“上善若水”等道家名言。再如，儒士风格的茶室，可命名为“读月斋”，主墙面挂轴“品茗日久香透骨，读月到老人如诗。开口便劝吃茶去！不怕世人笑我痴”。再配上一幅与月有关的对联，如“依窗闲坐待明月，围炉烹茶酬知音”或“闲心闲情闲读月，品茶品酒品人生”。

茶室中的书画若能用主人自己的作品那就再好不过了。茶室主人可能未必精通书画，但随心抒怀，直达胸臆，信手挥毫，把自己的志趣喜好坦然展示出来，这样更加符合中国茶道的精神。

茶室中的挂画，还有一类是为了突出茶艺主题，为茶艺表演造势而专门张挂的，所以要根据茶艺表演的需要而不断变换。

在茶室挂画后，还可精选一两件艺术品作为陪衬，如奇石、盆景、古玩、乐器等，这样可以使茶室更加有内涵、有品位，但是切忌配得太繁杂。“茶性俭，最宜精，行俭德之人”，在茶事活动的任何环节都是以俭为贵，过犹不及。

茶点选配

作为饮食文化的重要组成，茶不可避免地要与食发生关系。由于饮茶会造成腹中的饥饿感，而且空腹饮茶还会给健康带来损害，所以茶食就成为很多饮茶场合必不可少的内容。

茶与茶点的搭配历史

茶点心与茶相配进食、品饮，由来已久。古人饮茶，已有“茶食”“茶果”之说，“食”和“果”指的都是点心，不是水果。自唐朝起，“茶圣”陆羽撰写《茶经》，饮茶就开始风靡全国。名画《宫乐图》描绘了宫廷仕女设茶宴，长案上已有茶点摆上。著名画家顾闲中在五代绘制的名画《韩熙载夜宴图》，案几上也摆满了佳肴美点。及至宋代，饮茶之风更盛，宋徽宗赵佶更亲自编写《大观茶论》，推广精制名茶，民间“斗茶”，也附茶点助兴。唐宋以后，茶逐渐发展成为独立的饮料，佐茶的食物也逐渐具有了独特的风格，而且形成了独立的体系。

茶点既为果腹，更为呈味载体，它有着丰富的内涵，在漫长的发展过程中，形成了许多花样不同的茶点类型与风格各异的茶点品种。在与茶的搭配上，讲究茶点与茶性的和谐搭配，注重茶点的风味效果，重视茶点的地域习惯，体现茶点的文化内涵等因素，从而创造了我国茶点与茶的搭配艺术。

现代茶点选配

中国茶点种类繁多，口味多样。就地方风味而言，有黄河流域的京鲁风味、西北风味，长江流域的苏扬风味、川湘风味，珠江流域的粤闽风味等，此外，还有东北、云贵、鄂豫以及各民族风味点心。茶点的选择空间很大，在“干稀搭配、口味多样”这个总的指导原则下，

可以选择春卷、锅贴、饺子、烧卖、馒头、汤团、包子、家常饼、银耳羹等传统点心中的任意数种，也可以运用因茶的品种不同而创新的茶点品种。例如，茶果冻，是将果冻精心调入四种不同口味的茶叶（红茶、绿茶、茉莉花茶、乌龙茶）制成，且不添加色素、防腐剂，口味独特，是纯天然的健康食品。此外，还有茶瓜子、茶奶糖等。

休闲时候喝茶，搭配茶食的原则可概括成一个小口诀，即“甜配绿、酸配红、瓜子配乌龙”。所谓甜配绿，即甜食搭配绿茶来喝，如用各式甜糕、凤梨酥等配绿茶；酸配红，即酸的食品搭配红茶来喝，如用水果、柠檬片、蜜饯等配红茶；瓜子配乌龙，即咸的食物搭配乌龙茶来喝，如用瓜子、花生米、橄榄等配乌龙茶。这种说法也不是绝对的，可作饮茶时的参考。

观众在观赏茶艺的同时，品尝一些精美、可口的茶点，此时点心透着茶香，与名茶相配相得益彰。加上茶艺师优美流畅的动作、清幽的环境，典雅的茶室陈设，还有精致的茶具，使得茶文化的气氛浓郁。一壶名茶，两碟点心，绿荫丛中，鸟语花香，盆景多姿，实在是一大享受。

现代茶肴

现代以茶入菜成为很多饮食店的特色。不同的茶有不同的功能，不同的茶有不同的茶菜做法。比如，绿茶，其叶就比较好吃，高档绿茶的茶叶嫩而香，口感好，做菜时常可直接入菜；有些茶的叶却不好吃，比如铁观音、乌龙茶、普洱，它们的茶叶吃起来涩涩的、苦苦的，所以用其做菜一般只取茶汤。

茶因为品种不同而有不同的茶香，这些茶香可不是随便跟哪种菜都能配合的，这应视菜的主材料来定与哪种茶相配。比如，铁观音冲泡之后散发浓郁的兰香，茶性清淡，适合泡出茶汤做饺子；而灼虾、蒸鱼适宜用绿茶汤；普洱茶适合做卤水汁；碧螺春又名美女茶，适合女士美容饮用等。

以茶做菜对师傅手艺有很高的要求，做每一道菜都要根据菜式决定放多少茶，若茶叶或茶汤用多了，菜会变苦涩；茶叶或茶汤用少了，又显不出茶香味。

第三章

识佳茗

高山出好茶，
名山出名茶，
名茶在中华。
中国名茶辈出，
千姿百态的名茶饮尽山灵水秀，
蕴蓄人间风情，
从色、香、味、形到茶叶的名字都各呈风采，
无怪乎古人感慨『茶称瑞草魁』，
『从来佳茗似佳人』。

茶叶的选购与鉴别

|视频同步学茶艺|

学习茶艺，学会鉴茶是必不可少的基础，了解茶叶开汤之前及浸泡之后的形、色、香、味诸因素，有利于更好地认识茶、选择茶，在茶艺过程中充分展示茶的形、色、香、味的特点。

鉴茶四要素

中国的茶叶按发酵程度由浅至深分为绿茶、黄茶、白茶、青茶、黑茶和红茶六大类。每一类茶叶都有各自的品质特征。绿茶清幽雅致，黄茶典雅高贵，白茶清透碧绿，青茶香郁味醇，黑茶浓郁古香，红茶甜润优雅。

色泽

茶叶色泽的品鉴包括干看茶叶外形、湿看茶汤和叶底色泽。茶叶的色泽有些是鲜叶中固有的，有些是在加工工艺中转化而来的。从辨别茶叶色泽，可以了解茶叶品质的好坏和制法的精粗。

看茶叶外表色泽。茶叶鲜叶中内含物质经制茶过程转化形成各种有色物质，并由于这些有色物质的含量和比例不同，使茶叶呈现出各种色泽，有的乌黑，有的翠绿，有的红褐，有的黄绿。

各类茶叶均有其一定的色泽要求，如红茶以乌黑油润为好，黑褐、红褐次之，棕红最次；绿茶以翠绿、深绿色为好，绿中带黄或黄绿不匀者较次，枯黄花杂者差；乌龙茶则以青绿光润有宝光色较好，黄绿不匀者次；黑毛茶以油黑色为好，黄绿色或铁板色为差。

看茶汤色泽。茶叶中的有色物质主要有叶绿素、叶黄素、胡萝卜素、花青素以及茶多酚的氧化物等，其中可溶于水的物质形成了茶汤或嫩绿或橙黄、或红艳或棕褐的不同色泽，其中的变化丰富而微妙。

茶汤的色泽以鲜、清、明、净为上品。凡茶汤色泽浊暗者，则为品质差之茶叶。以绿茶为例，汤色以碧绿为最佳，次为深绿、浅绿，黄绿最差。汤色清澈，说明无沉淀、无浮游物，汤色明亮，茶汤即有光泽。碧绿汤色大多是既清澈又明亮；深绿汤色清澈较多，明亮较少；浅绿汤色大多是清澈而不明亮；黄绿汤色则大多无清澈、无明亮。

名茶的茶汤色泽各不相同，如庐山云雾茶、黄山毛峰、都匀毛尖等，汤色皆浅绿清澈；龙井和玉露茶的汤色碧绿明亮；君山银针的汤色杏黄明净；铁观音茶的汤色金黄明亮；武夷岩茶的汤色橙黄；祁门红茶、正山小种的汤色红亮；云南滇红的汤色红浓鲜明；白牡丹（白条）的汤色浅杏明亮，醇和清甜；上等普洱茶的汤色褐紫红而醇厚；花茶的汤色浅橙黄而明亮等。

绿茶：浅绿清澈
庐山云雾茶汤

白茶：浅杏明亮
贡眉茶汤

黄茶：杏黄明净
君山银针茶汤

青茶：金黄明亮
武夷水仙茶汤

红茶：红艳明亮
英德红茶茶汤

黑茶：褐红醇厚
普洱小沱茶汤

看叶底色泽。冲泡过的茶叶称为叶底，叶底色泽与汤色关系较大。叶底色泽鲜亮，汤色清澈；色泽枯暗，汤色混浊。绿茶叶底色度一般以嫩绿最好，次为淡黄绿色，深绿、青绿较差（说明茶叶炒制不好，或鲜叶粗老）。

另外评叶底老嫩时，还可用手指揿压叶底。一般以柔软无弹性的叶底表示细嫩，硬而有弹性的表示粗老。以绿茶来讲，叶底以幼嫩多芽、叶肉厚软匀整、色泽明亮的为好，而叶质硬薄、色泽灰暗、带红梗红叶的为差。

叶形完整、色泽淡绿
西湖龙井叶底

香气

茶叶的香气取决于其中所含有的各种香气化合物。目前在茶叶中已鉴定出500多种挥发性香气化合物，这些不同香气化合物的不同比例和组合构成了各种茶叶的特殊香味。

常见的茶叶香型有：白毫显露散发的毫香，柔软嫩叶发出的嫩香，似鲜花香气的花香，似水果香气的果香，清新淡雅的清香，甘美的甜香，似焦糖香的火香，陈化产生的陈香，松柏或枫球熏烟带来的松烟香，茯砖特有的菌花香。

一般来说，绿茶的香气为清香、嫩香、毫香、花香等，以清香为主；红茶的香气为甜香、果香、花香等，以甜香为主；青茶的香气为花香、果香、清香、火香等，以花香为主；黑茶的香气为陈香、松烟香、菌花香等，以纯正为基本要求；黄茶的香气为毫香、清香、果香等；白茶的香气为毫香、清香、甜香等。

滋味

茶汤滋味是人们的味觉器官对茶叶中可溶性物质的一种综合反映。不同的茶有不同的滋味风格，一般以醇和醇厚等为佳，若喝完后能让口腔留有充足、持久的香味，喉头有甘润的感觉，则为好茶。茶汤苦涩味重、有杂味或火味重者，则非佳品。

类型	特点	代表茶叶	类型	特点	代表茶叶
清鲜型	清香味鲜且爽口	碧螺春	鲜浓型	味鲜而浓	黄山毛峰
鲜醇型	味鲜而醇	太平猴魁	鲜淡型	味鲜甜舒服，较淡	君山银针
浓烈型	味浓而不苦、不涩	婺绿	浓强型	味浓厚，有紧口感	红碎茶
浓厚（爽）型	较强的刺激性和收敛性，回味甘爽	滇红、武夷岩茶	浓醇型	醇而甘爽，有一定的刺激性和收敛性	毛尖、毛峰、部分乌龙茶
甜醇型	鲜甜厚之感	安化松针	醇爽型	浓淡适中，不苦涩	蒙顶黄芽
醇厚型	味尚浓，带刺激性	庐山云雾	醇和型	味欠浓鲜，有厚感	六堡茶
平和型	清淡正常，有甜感	低档绿茶	陈醇型	陈味带甜	普洱茶

外形

茶的外形即茶叶的形状，主要由茶树品种、采摘嫩度、加工工艺等决定。干茶外形应整齐匀净，无梗、片及其他夹杂物，色泽油润、鲜活，有光泽。

“茶有千万状”。不同种类的茶叶分很多形状，或似花、或似茅、或似碗钉、或似针、或似珠、或似眉、或似片、或似螺、或似砖、或似饼。千姿百态、丰富多彩的茶叶形状，构成了一个形态美的大千世界。

类型	代表茶叶	类型	代表茶叶
花朵形茶 芽叶相连似花朵。如浙江江山绿牡丹条直似花瓣，形态自然，白毫显露，色泽翠绿诱人。	 江山绿牡丹	**条形茶** 条索细紧挺直，以紧细、圆直、匀齐、重实为好。如古丈毛尖、石门银峰，白毫显露，熠熠生辉。	 古丈毛尖
针形茶 两端略尖呈针状。有些肥壮重实如钢针，如白毫银针、君山银针、蒙顶石花等；有些则苗条秀瓦如松针，如安化松针等。	 安化松针	**扁形茶** 以西湖龙井最具代表性，形似碗钉，扁平光滑、尖削挺透，若玉兰花瓣一般水灵，似翡翠玉片一样光辉，给人以质朴、端庄的美感。	 西湖龙井
螺形茶 茶条卷曲如螺，茶上多毫，给人以轻快、柔美之感。以碧螺春为代表。	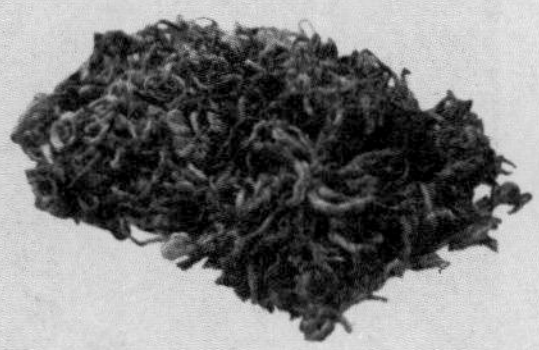 洞庭碧螺春	**珠形茶** 以珠茶为代表，滚圆细紧重实，状似珍珠，给人以浑圆、壮实的美感。	 平水珠茶

类型	代表茶叶	类型	代表茶叶
眉形茶 条索弯曲，形状似眉。如珍眉，就是因外形条素纤细如仕妊秀眉而得名。	 珍眉	**片形茶** 外形松散、平直，叶片一片一片的。如六安瓜片，叶缘略向叶背翻卷，状似瓜子。	 六安瓜片
方形茶 以茯砖和康砖等砖茶为代表，线条笔直，明快大方，给人以平稳的美感。	 茯砖茶	**尖形茶** 如太平猴魁，两叶抱芽，自然伸长，两端略尖，魁伟匀整，挺直有锋，给人以英武壮美之感。	 太平猴魁
饼形茶 外形圆整、洒面均匀显毫，色泽黑褐油润，散发出特殊的陈香味，给人以憨厚、淳朴之美感。	 普洱茶饼	**碗形茶** 以沱茶为代表，从面上看，状似圆面包；从底看，似厚碗，中间下凹，外观显毫，颇具特色。	 勐海沱茶

识别新茶与陈茶

当年采摘的新叶加工而成的茶叶称为新茶，非当年采制的茶叶为陈茶。一般可以从茶叶的色泽、干湿、香气、滋味来识别是新茶还是陈茶。

看色泽

茶叶在储藏过程中，构成色泽的物质会在光、气、热作用下发生分解或氧化，失去原有色泽。如新绿茶色泽青翠碧绿，汤色黄绿明亮；陈茶则色泽变得枯灰，汤色黄褐不清。

捏干湿

新茶含水量一般较低，手感干燥。用大拇指和食指轻轻一捏就会变成粉末，茶梗也容易断。陈茶由于存放时间长，含水量较高，手感松软、潮湿，一般不易捏破、捻碎。

闻香气

新茶的香气浓郁、芳香，而陈茶由于构成香气的醇类、醛类、脂类物质不断挥发和缓慢氧化，使茶叶的香气由清香变得低浊，若保存不当还会带有霉味或其他气味。

品滋味

茶叶中的酚类化合物、氨基酸、维生素等构成滋味的物质会逐步分解、挥发，从而使可溶于茶汤中的有效滋味物质减少。因此，大凡新茶的滋味都醇厚鲜爽，而陈茶却显得淡而不爽。

鉴别春茶、夏茶与秋茶

在四季分明的茶区，由于气候因素的变化对茶树生长及代谢的影响，即使是同为当年采制的新茶，其品质也是很不一样的。

春茶：历代文献都有“春茶为贵”的说法，春茶芽叶硕壮饱满、身骨重实，凡绿茶色泽绿润、条索紧实，红茶色泽乌润、茶叶肥壮重实多毫，此为春茶的品质特征。所泡的茶浓醇爽口、香气高长、叶质柔软、无杂质。

夏茶：夏茶的茶汤滋味没有春茶鲜爽，香气不如春茶浓烈，反而增加了带苦涩味的花青素、咖啡碱、茶多酚的含量。从外观上看，夏茶叶肉薄且多紫芽，还夹杂着少许青绿色的叶子。凡绿茶色泽灰暗，红茶叶轻松宽，香气稍带粗老，是夏茶的品质特征。

秋茶：从外观上看，秋茶多丝筋，身骨轻飘。所泡成的茶汤淡，味平和、微甜，叶质柔软，单片较多，叶张大小不一，茎嫩，含有少许铜色叶片。但乌龙秋茶，如加工得当，香气亦能有突出表现。凡绿茶色泽黄绿，红茶色泽暗红，茶叶大小不一，叶轻瘦小，乃秋茶的品质特征。

不同茶类的选购方法

茶叶的品质是保证茶道完美的先决条件，因此茶叶的选购至关重要。除了一些基本的鉴别标准，不同茶类在制造工艺和品质特征上各有特色，选购时的评判标准也有差异。

|视频同步学茶艺|

绿茶的选购方法	
外形	以茶叶大小、粗细均匀，原料细嫩，条索紧结，白毫显露的新茶为佳。
色泽	优质绿茶的干茶颜色翠绿、油润，汤色碧绿明澄。但有些高档细嫩茶叶茶毫多，茶汤会有“毫浑”，是正常现象。
香气	绿茶以清香、嫩栗香为佳，有些特殊品种还会显现出花香。
茶味	汤味以鲜爽、鲜醇回甘为上，如入口略涩，后回甘生津亦是上品。

红茶的选购方法	
外形	优质的小叶种红茶条索细紧、大叶种红茶肥壮紧实。
色泽	好的红茶干茶色泽乌黑油润，汤色红亮，碗壁与茶汤接触处有一圈金黄的光圈。
香气	香气应甜香浓郁，若伴有酸馊气或陈腐味，则说明保管不当已变质。
茶味	汤味以甜醇鲜爽为上，用来制作调饮茶的红碎茶，应以“浓、强、鲜”为宜。

乌龙茶的选购方法	
外形	条型的以条索紧结、颗粒状的以卷曲重实的为佳。
色泽	优质乌龙茶一般干茶色泽油润，茶汤橙黄或金黄清澈。发酵程度低的优质乌龙茶色泽偏向于绿茶，有些发酵较重的色泽偏向于红茶。
香气	乌龙茶以花果香为佳，如有烟味、油臭味等异味的不宜选购。
茶味	汤味醇厚回甘，饮后齿颊留香为上。

黑茶的选购方法	
外形	优质的黑茶紧压茶表面完整、纹理清晰、棱角分明，从侧边看上去没有裂缝；散茶条索匀整，有一定的含梗量。
色泽	好的黑茶干茶乌褐油润；黑茶有“越陈越香”的特点，新黑茶汤色橙黄明亮、陈茶汤色红亮如琥珀，汤色不浑浊为上，汤色像酱油一样的不宜选购。
香气	好的黑茶陈香内敛，有烂、馊、酸、霉、焦和其他异杂味者为次品。
茶味	汤味醇厚回甘为佳，喝起来喉咙干燥，咽喉不适为差。

黄茶的选购方法	
外形	黄芽茶以外形挺直匀实，茸毛显露；黄大茶以梗壮叶肥为佳。
色泽	优质黄茶的干茶和茶汤色泽黄亮，如果干茶枯灰黄绿，茶汤黄褐浑浊，则为次品。
香气	黄芽茶以毫香、清香优雅者为好，如香气低浊则不佳。黄大茶有锅粑香。
茶味	好的黄芽茶汤味醇回甘，黄大茶滋味醇和。

白茶的选购方法	
外形	以毫多而肥壮、叶张肥嫩者为佳；毫芽瘦小、稀少，叶张老嫩不匀的不宜选购。
色泽	优质白茶干茶毫色银白有光泽，叶面灰绿；茶汤黄白明亮。
香气	以毫香浓显、清鲜纯正的为上品。
茶味	汤味以鲜爽、醇和、清甜为好；喝起来粗涩、淡薄的为差。

花茶的选购方法	
外形	好的窨花茶外形匀整，不掺杂碎茶；若是花草茶，以花朵及果实颗粒饱满，不含杂质，没有虫洞者为佳。
色泽	依茶坯判断，如以烘青绿茶为茶坯的茉莉花茶，以干茶油润、汤色黄绿明亮者为佳。若是花草茶，干茶保持原有色泽、汤色嫩黄明亮者质优。
香气	好的花茶香气鲜灵持久，没有异味，如有硫黄的刺鼻味则不宜选购。
茶味	好的花茶汤味醇甘，有淡淡的花香久久萦绕在口齿间。

名茶
鉴赏

绿茶类

绿茶总的口感是所有茶叶中比较清淡的，好的绿茶口感有鲜爽的，有甘甜的，有醇和的，根据产地、品种、采摘季节不同而不尽相同。

|视频同步学茶艺|

西湖龙井

产地

因产于杭州西湖的龙井茶区而得名，龙井既是地名，又是泉名和茶名。

茶叶介绍

西湖龙井以“色绿、香郁、味醇、形美”著称，位居中国十大名茶之首。杭州西湖湖畔的崇山峻岭中常年云雾缭绕，气候温和，雨量充沛，加上土壤结构疏松、土质肥沃，非常适合龙井茶的种植。

西湖龙井知于唐代，发展于南北宋时期，然而真正为普通百姓熟知，是在明代。西湖龙井以“狮（峰）、龙（井）、云（栖）、虎（跑）、梅（家坞）”排列品第。

鉴别方法

茶叶为扁形，叶细嫩，条形正气，宽度一致，为绿黄色，手感光滑，一芽一叶或二叶。芽长于叶，一般长 3 厘米以下，冲泡后呈现芽蒂朝上，芽芯朝下的“倒栽葱”景象。芽叶均匀成朵，不带夹蒂、碎片。

茶叶特色

外形：扁平挺秀，光滑匀齐，呈糙米色，形似“碗钉”。

色泽：色翠略黄。

香气：清香幽雅，馥郁如兰。

汤色：嫩绿明亮。

滋味：甘鲜醇和。

叶底：成朵匀齐。

龙井茶因产地不同，品类也较多，但最有名的还数西湖龙井。西湖龙井茶叶泡开后，颀长舒展，汤色碧绿，清香扑鼻，品之让人想到“西子”。除却西子，与龙井茶联系密切者，便数风流皇帝乾隆了。

乾隆皇帝下江南的事情人所皆知，他与龙井结缘之事便从这里开始。传说，乾隆帝一路逍遥游到美丽的杭州狮峰山下，看见重峦叠嶂、翠绿的茶树覆满山头，声声鸟鸣伴随茶叶的清香钻入五脏六腑。

乾隆走到狮峰山下的胡公庙，早已恭候多时的老僧奉上顶级的西湖龙井茶。白色的茶盏中盈着一汪碧绿的茶汤，清澈见底，茶叶根根分明，舒展挺拔，亭亭玉立。乾隆端着茶盏呷了一口茶，一股清香直钻鼻喉，沁人心脾，口齿生津。乾隆不觉赞叹连连：“好茶！好茶！”

喝完茶的乾隆在庙周围散步，见庙前生长着十八棵茶树，树上新发出绿芽，鲜嫩异常，几个采茶姑娘正在挽着袖子采茶。乾隆心中一动，便也学着采了起来。刚采了一把，忽然太监来报：“太后身体有恙，请皇上急速回京。”乾隆皇帝听说太后病了，随手将一把茶叶往袋内一放，便日夜兼程赶回京城。

其实太后只因山珍海味吃多了，一时肝火上升，双眼红肿，胃里不适，并没有大病。此时见皇儿来到，只觉一股清香传来，便问带来什么好东西。皇帝也觉得奇怪，哪来的清香呢？他随手一摸，啊，原来是杭州狮峰山的一把茶叶，几天过后已经干了，浓郁的香气就是它散出来的。太后便想尝尝茶叶的味道，宫女将茶泡好，送到太后面前，果然清香扑鼻，太后喝了一口，双眼顿时舒适多了，喝完了茶，红肿消了，胃不胀了。太后高兴地说：“杭州龙井的茶叶，真是灵丹妙药。”乾隆皇帝见太后这么高兴，立即传令下去，将杭州龙井狮峰山下胡公庙前那十八棵茶树封为御茶，并派专人看管，每年采摘新茶，向宫中进贡。

至今，杭州龙井村胡公庙前还保存着这十八棵御茶，到杭州的旅游者中有不少还专程去察访一番，拍照留念。

洞庭碧螺春

茶叶

茶汤

叶底

产地

产于江苏吴县太湖之滨的洞庭山。

茶叶介绍

洞庭碧螺春以形美、色艳、香浓、味醇闻名中外，具有“茶中仙子”的美誉。碧螺春之名的由来，有两种说法，一种是康熙帝游览太湖时，品尝后觉香味俱佳，因此取其色泽碧绿，卷曲似螺，春时采制，又得自洞庭碧螺峰等特点，钦赐其美名。另一种则是由一个动人的民间传说而来，说的是为纪念美丽善良的碧螺姑娘，而将其亲手种下的奇异茶树命名为碧螺春。

碧螺春一般分为7个等级，芽叶随级数越大，茸毛越少。只有细嫩的芽叶，巧夺天工的手艺，才能形成碧螺春色、香、味俱全的独特风格。

鉴别方法

优质洞庭碧螺春银里隐翠，一芽一叶，茶叶总长度为1.5厘米，每500克有6万～7万个芽头，芽为白毫卷曲形，叶为卷曲清绿色，叶底幼嫩，均匀明亮。劣质的芽叶长度不齐，呈黄色。

茶叶特色

外形：条索紧结，白毫显露，卷曲成螺。

色泽：银绿隐翠。

香气：清香浓郁。

汤色：嫩绿清澈。

滋味：浓郁甘醇，鲜爽生津，回味绵长。

叶底：嫩绿明亮。

古丈毛尖

产地

产于湖南省湘西自治州古丈县。

茶叶介绍

古丈毛尖，湖南名茶之一。古丈县境内遍处峰岭重叠，垂直的气候差异明显，空气湿润，植被茂盛，气候温和，无污染，为茶树生长发育提供了非常适宜的环境。古丈毛尖备受青睐，杂交水稻之父袁隆平亲自题写“中国名茶，古丈毛尖”；艺术大师黄永玉不仅为其设计了茶叶竹篓包装，还挥毫题写“古丈毛尖”；著名漫画家方成为古丈毛尖挥笔提就“古丈毛尖、名扬四海”条幅；著名电影艺术家谢晋称赞古丈茶为“山好，水好，古丈毛尖好中好”；“古丈北泉水、青云山上茶，毛尖今胜昔，品质誉中华”，这是茶叶专家朱先明对古丈毛尖的客观评价；何继光的《挑担茶叶上北京》和宋祖英的《古丈茶歌》唱响了大江南北，将古丈毛尖带到全世界。

茶叶

鉴别方法

优质的古丈毛尖均采用细嫩的芽头为原料，外形紧细圆直、锋苗挺秀、白毫显露、色泽翠绿、滋味醇爽回甘、耐冲泡等特点，具有独特的口感和芳香，被誉为中国针形茶的代表“绿茶中的珍品”。

茶汤

茶叶特色

外形：细圆直、锋苗挺秀、白毫显露。

色泽：翠绿。

香气：香气嫩香持久，有花香。

汤色：嫩绿明亮。

滋味：醇爽回甘、耐冲泡。

叶底：细嫩均匀、柔软鲜活。

叶底

庐山云雾

茶叶

茶汤

叶底

产地

产于江西庐山。

茶叶介绍

庐山云雾茶是庐山的地方特产之一，由于长年受庐山流泉飞瀑的滋润，形成了独特的“味醇、色秀、香馨、液清”的醇香品质，更因其六绝“条索清壮、青翠多毫、汤色明亮、叶好匀齐、香郁持久、醇厚味甘”而著称于世，被评为绿茶中的精品，更有诗赞曰：“庐山云雾茶，味浓性泼辣，若得长时饮，延年益寿法”。

庐山云雾茶始产于汉代，最早是一种野生茶，后东林寺名僧慧远将其改造为家生茶，现已有一千多年的栽种历史，宋代列为“贡茶”，是中国十大名茶之一。

鉴别方法

优质的庐山云雾茶颜色介于黄绿与青绿之间，而且香气选择高长的为佳，要是干茶颜色偏深褐色，那就说明此云雾茶很有可能是陈茶。云雾茶清香宜人，介于青花与兰花之间的浓郁香气为上品。其外形紧而结实、老嫩均匀，颜色一致，茶味虽苦但不涩，味道醇厚爽口。

茶叶特色

外形：紧结秀丽，芽壮叶肥，白毫显露。

色泽：光润青翠。

香气：清香持久。

汤色：黄绿明亮。

滋味：滋味醇爽，回味香绵。

叶底：嫩绿匀齐。

六安瓜片

产地

产于安徽省六安市。

茶叶介绍

六安茶在唐代即是为人所知的名茶，在明清两代是宫廷圣品。六安瓜片历来是作为药膳茶、减肥茶的基础配料，深受人们的喜爱。

六安瓜片的采摘比其他高档绿茶要稍微晚半月，有些是在清明谷雨前进行采摘。采摘过程中会因为茶叶芽叶的不同而进行较为精细的等级分类，制作出来的茶叶形似葵花子，像瓜子的单片，所以叫它“瓜片”。

鉴别方法

优质的六安瓜片外形上长短大小相差无几，茶叶的粗细匀整，色泽一致则说明茶叶在炒制时控制得不错。接着闻茶叶的香味，茶叶的香味清香扑鼻则说明茶叶品质不错，如果含有其他味道则说明不是很好的品质。冲泡后能闻到茶香清幽，茶汤颜色碧绿清亮，没有一点儿浑浊之感，而且叶片舒张均匀，叶底叶色淡青透亮；接着就是进行茶汤的品饮了，滋味回甘尚浓。

茶叶特色

外形：似瓜子的单片，自然平展，叶缘微翘。

色泽：宝绿起霜。

香气：清香高爽。

汤色：碧绿清澈。

滋味：鲜醇回甘。

叶底：嫩绿明亮。

茶叶

茶汤

叶底

黄山毛峰

茶叶

茶汤

叶底

产地

产于安徽歙县黄山汤口、富溪一带。

茶叶介绍

由于“白毫披身，芽尖似峰”，黄山毛峰故其名曰“毛峰”。相传，如果用黄山上的泉水烧热来冲泡黄山毛峰，热气会绕碗边转一圈，转到碗中心就直线升腾，约有一尺高，然后在空中转一圆圈，化成一朵白莲花。那白莲花又慢慢上升化成一团云雾，最后散成一缕缕热气飘荡开来。这便是白莲奇观的故事。

1955年，黄山毛峰以其独特的“香高、味醇、汤清、色润”特征，被评为“中国十大名茶”之一；1986年，黄山毛峰被外交部选为外事活动礼品茶，成为国际友人和国内游客馈赠亲友的佳品。

鉴别方法

优质黄山毛峰茶叶外观有“金黄”鱼叶，形如雀舌，色泽润亮，冲泡后汤色清澈、香气清高持久是好品质的标志，说明这个茶质量比较好。品饮时滋味鲜浓、回味甘甜，可概括为“香高、味醇、汤清、色润”，让人回味无穷。

茶叶特色

外形：外形微卷，状似雀舌。

色泽：绿中泛黄，银毫显露，带有金黄色鱼叶。

香气：馥香气如兰，韵味深长。

汤色：清碧微黄。

滋味：鲜浓、醇厚、甘甜。

叶底：嫩匀成朵。

信阳毛尖

产地

产于河南省大别山区的信阳市山区，驰名产地俗称“五云两潭一寨一山一寺”，即车云山、连云山、集云山、天云山、云雾山、白龙潭、黑龙潭、何家寨、震雷山、灵山寺。

茶叶介绍

信阳毛尖，亦称“豫毛峰”，是河南省著名特产之一，被列为中国十大名茶之一。信阳毛尖早在唐代就已成为朝廷贡茶，在清代则跻身为全国名茶之列，素以“细、圆、光、直、多白毫、香高、味浓、汤色绿”的独特风格而饮誉中外。北宋时期的大文学家苏东坡曾赞叹道：“淮南茶，信阳第一。西南山农家种茶者甚多，本山茶色、味、香俱美，品不在浙闽下。”

鉴别方法

鉴别优质的信阳毛尖，首先，用双手捧起一把茶叶，放于鼻端，用力深深吸一下茶叶的香气。凡香气高、气味正的是优质茶。其次，抓一把茶叶平摊于白纸上，看一下干茶的色泽、嫩度、条索、粗细。凡色泽匀整、嫩度高，条索紧实，粗细一致，碎末茶少的是上乘茶叶。冲泡后，优质茶汤色嫩绿或黄绿，劣质茶汤色发黄，浑浊发暗 。

茶叶特色

外形：细秀匀直，显峰苗。

色泽：翠绿光润。

香气：清香高长。

汤色：黄绿明亮。

滋味：鲜浓醇香，回甘绵长。

叶底：嫩绿明亮，细嫩匀整。

茶叶

茶汤

叶底

红茶类

红茶分为小种红茶、工夫红茶和红碎茶。总的来说，工夫红茶色泽乌润，香气以甜香为主，滋味甜醇。红碎茶品味讲究“浓、强、鲜”。

在中国，知名度较高的红茶有祁门红茶、正山小种、九曲红梅、滇红工夫、川红工夫、宜红工夫、宁红工夫、闽红工夫、湖红工夫、红碎茶等。

|视频同步学茶艺|

正山小种

产地

产于福建省武夷山市，仍以桐木关为中心，另崇安、建阳、光泽三县交界处的高地茶园均有生产。

茶叶介绍

正山小种红茶，是世界红茶的鼻祖，又称拉普山小种，其特点可用“上青楼，下红锅，松烟香，桂圆汤”来概括。“上青楼，下红锅”是加工工艺特色，因加工过程中运用了马尾松枝焙制，形成了茶香松香明显的特点，品饮时，滋味甜润，宛如桂圆汤。

据《中国茶经》介绍，原凡是武夷山中所产的茶，均称作正山，而武夷山附近所产的茶称外山 。

鉴别方法

正山小种的茶汤呈现金黄色，清澈明亮为上品茶。正山小种可分为烟种和无烟种，这两种不同制作工艺生产出来的茶在外形条索上没有太大区别，但在干茶色泽、汤色、口感上有较为明显的区别。

茶叶特色

外形：条索肥实，紧结圆直。

色泽：乌黑带褐。

香气：松烟香或甜香。

汤色：金黄明亮。

滋味：醇厚回甘，似桂圆汤味。

叶底：肥厚红亮。

在正山小种的身上，有许多让人浮想联翩的故事。史料记载，1662 年，葡萄牙公主凯瑟琳嫁给英国国王查理二世，随身携带的嫁妆中，最引人注目的就是好几箱中国红茶“正山小种”。据说她每天早晨起床后的第一件事，就是用精美的瓷杯泡上一杯“正山小种”，然后开始一天的美好生活。

关于正山小种的来历，在位于武夷山星村桐木乡的江墩，流传着这样一个故事。

相传，武夷山星村镇桐木乡的江墩地处海拔 1500 米左右，有大片大片的茶园，这里的乡民祖祖辈辈都制作茶或经营茶业。明末时期，时局动乱不安，有一支军队想从江西进入福建，需要过境桐木关。军队抵达桐木关时天色已晚，而且人困马乏，于是没有在野外安营扎寨，而是直接驻扎在了附近的一个茶厂里。茶厂当时正加工绿茶，由于军队的到来，不准生产人员在茶厂逗留，所以他们不得不撤离工厂，采摘来的新鲜茶叶来不及处理。军队里的士兵没有太多讲究，很多人直接就着满地的茶叶席地而睡。

军队在此休整虽然是短暂的停留，但也耽误了好几天。军队撤离之后，茶厂的生产人员回来，发现茶叶因没有及时制作，已经有不同程度的发酵了，部分茶叶变红，茶叶黏腻。茶农们在心疼之余，还是决定将已经变软的茶叶搓成条，接着砍伐当地盛产的马尾松松木生火炒制、烘干。烘烤后，原来红绿相间的茶叶变得乌黑发亮，带着松香味。

这种带有马尾松特有的松脂香味的茶，并没有受到当地人们的喜欢，因为当时人们都习惯饮绿茶。当时，星村是一个茶叶的集散地，会来许多的外商，于是，村民们便将茶挑到星村去出售。果不其然，由于茶叶的吸附性强，使泡出的茶汤具有松烟香、汤色红艳明亮，本是无心之作的茶叶受到外商的青睐，外商纷纷抢购，有的还订了来年的订单。于是，这种发酵的红茶开始受到人们的关注，并得到了迅速的发展。

九曲红梅

产地

产于杭州市西湖区周浦公社湖埠、上堡、张余、冯家、社井、上阳、下阳、仁桥一带，尤以湖埠大坞山所产者为妙品。

茶叶介绍

九曲红梅简称“九曲红”，因色红香清如红梅，故称九曲红梅，是杭州西湖区另一大传统拳头产品，与西湖龙井齐名。九曲红梅为浙江名茶中少有的红茶，更被誉为浙江茶区“万绿丛中一点红”。著名的弘一法师曾赋诗道：“白玉杯中玛瑙色，红唇舌底梅花香。”赞美九曲红梅独特的梅花香。

大坞山高500多米，山顶为一盆地，沙质土壤，土质肥沃，四周山峦环抱，林木茂盛，遮风避雪，掩映烈阳；地临钱塘江，江水蒸腾，山上云雾缭绕，茶树栽植其间，根深叶茂，芽嫩茎柔，品质优异。

茶叶

茶汤

叶底

鉴别方法

“七分红三分绿”是优质九曲红梅的鉴别要点，“七分红”指的是茶叶的发酵程度为七成红，这是九曲红梅的一大特色；而“三分绿”指的是留有百分之三十的活性转化空间，经过长时间存放，可由梅花香转化为浓郁的乌梅果香，滋味会更加醇厚。

茶叶特色

外形：弯曲细紧如鱼钩。

色泽：乌黑油润。

香气：清如红梅。

汤色：鲜亮红艳，有如红梅。

滋味：醇厚爽口。

叶底：红明嫩软。

宜兴红茶

产地

产于江苏省宜兴市。

茶叶介绍

宜兴红茶，又称阳羡红茶，三国时孙权曾居阳羡为政，对其极力推崇，故享有“国山茶”的美誉。唐朝时誉满天下，唐代有“茶仙”之称的卢仝曾有诗句云“天子未尝阳羡茶，百草不敢先开花”，在当时让宜兴茶声名远扬。

宜兴红茶乃自然孕育之佳茗，所产之地先天独厚。凭借着“雨洗青山四季春”的宜茶环境，再加优质茶田 33 公顷，以及风雨适度，晴阴协调，故能够集先天之大成；又倚设备之精良、人力之精干、技艺之精湛，妙手天成饰雕琢，更令茶香沁人心脾，回味无穷。

鉴别方法

宜兴红茶香气高锐持久，品之满口生香，回味甘美。寻常红茶，要么香重鲜轻，要么厚鲜薄香，唯独宜兴红茶鲜香兼具。香是悠远轻逸的花果香，汤色红亮，汤味鲜爽、回甘而分寸恰到好处。可能因为宜兴的紫砂壶太过著名，宜兴红茶被赞誉得比较少，因此仿品并不多见，只有优劣之分。根据红茶的一般鉴别标准鉴别优劣即可。

茶叶特色

外形：条索紧结。
色泽：乌润显毫。
汤色：红亮。
香气：香气高长。
滋味：甘甜鲜爽。
叶底：红亮匀齐。

茶叶

茶汤

叶底

祁门红茶

茶叶

茶汤

叶底

产地

产于安徽省黄山市祁门县。

茶叶介绍

工夫红茶是中国特有的红茶。祁门红茶是中国传统工夫红茶中的珍品。祁门红茶以外形紧秀、色有“宝光”和甜香中透着花香而著称。祁门红茶于1875年创制，有百余年的生产历史，是中国传统出口商品，也被誉为“王子茶”，与印度的大吉岭红茶、斯里兰卡的乌瓦红茶并称为“世界三大高香茶”。

祁门红茶的品质超群，与其优越的自然生态环境条件是分不开的。祁门多山脉，峰峦叠嶂、土质肥沃、气候温润，茶园位置有天然的屏障，酸度适宜的土壤，因此能培育出优质的祁门红茶。

鉴别方法

祁门红茶的新品中，祁红香螺和祁红毛峰是不切断的，两者都是非传统的祁门红茶，要从整体的嫩度来鉴定，正品的祁红香螺或者祁红毛峰干茶闻起来有股淡淡的花香。从口感上来鉴别是最具有说服力的，纯正的祁门红茶花果香馥郁，口感甘甜鲜爽。假冒茶一般是香气淡，口感苦涩。

茶叶特色

外形：条索紧细，峰苗秀丽。

色泽：乌黑油润。

香气：甜香中透着花香。

汤色：红艳明亮。

滋味：醇和鲜爽。

叶底：红亮柔嫩。

滇红工夫

产地

产于云南省临沧市。

茶叶介绍

滇红工夫茶创制于1939年，产于滇西南，属大叶种类型的工夫茶，以外形肥硕紧实、金毫显露和香高味浓的品质独树一帜，著称于世。云南鲜叶原料以多酚类化合物、生物碱等成分含量的特点。

滇红工夫有两个与众不同的特色，一是其金黄色的毫毛显露在茶叶外表，冲泡优质的滇红若使用过滤网，过后会发现网面上一层厚厚的浅黄色茸毛；二是其香郁味浓，以滇西云县、凤庆、昌宁出产的茶为佳，尤以云县部分茶区所产滇红为最好。

鉴别方法

滇红工夫因采制时期不同，其品质也具有季节性变化，一般春茶比夏茶稍好些，夏茶略胜于秋茶。春茶条索肥硕，身骨重实，净度好，叶底嫩匀；夏茶正值雨季，芽叶生长快，节间长，虽芽毫显露，但净度较低，叶底稍显硬、杂；秋茶正处干凉季节，茶树生长代谢作用转弱，成茶身骨轻，净度低，嫩度不及春、夏茶。

茶叶特色

外形：条索肥壮。

色泽：乌黑油润，带有金毫。

汤色：红艳明亮，金圈明显。

香气：蜜香持久。

滋味：醇厚鲜爽。

叶底：红匀明亮。

茶叶

茶汤

叶底

青茶类

青茶，亦称乌龙茶，口感醇厚，韵味浓郁。乌龙茶属半发酵茶，根据其产地可分为闽南乌龙、闽北乌龙、台湾乌龙和广东乌龙，具有香气高锐、滋味醇厚回甘、叶底“绿叶红镶边”的特点。

|视频同步学茶艺|

安溪铁观音

产地

产于福建省泉州市安溪县。

茶叶介绍

安溪铁观音以其香高韵长、醇厚甘鲜而驰名中外，并享誉世界，尤其是在日本市场，两度掀起“乌龙茶热”。

安溪铁观音按国家标准分为清香型和浓香型两大类，其中清香型铁观音根据制作工艺又细分为正味型和酸香型两种。安溪铁观音可用具有“音韵”来概括。“音韵”是来自铁观音特殊的香气和滋味。有人说，品饮铁观音中的极品——观音王，有超凡入圣之感，仿佛羽化成仙。领略“音韵”乃爱茶之人一大乐事，只能意会，难以言传。

鉴别方法

福建安溪县所产茶叶体沉重如铁，形美如观音。清香型铁观音外形紧结，色泽翠润，香气清高，滋味鲜醇，汤色金黄带绿，叶底肥厚软亮。浓香型铁观音外形壮结，色泽乌润，香气浓郁，滋味醇厚，汤色金黄清澈，叶底肥厚软亮匀整、红边明显。

茶叶特色

外形：茶条卷曲，肥壮圆结，沉重匀整。

色泽：翠润或乌润。

香气：浓郁持久。

汤色：金黄带绿、金黄、橙黄。

滋味：醇厚甘鲜，回甘悠久。

叶底：肥厚软亮。

铁观音原产安溪县西坪镇，距今已有200多年的历史。铁观音既是茶叶名称，也是茶树品种名。关于铁观音品种的由来，在安溪还流传着这样一个故事。

相传，清雍正三年前后，西坪尧阳松林头老茶农魏荫，勤于种茶，也制得一手好茶。魏荫笃信佛教，敬奉观音，每日晨昏必在观音佛前敬献清茶一杯，几十年如一日，从未间断。一夜，魏荫在熟睡中梦见自己扛着锄头出门，行至一溪涧边，在石缝中发现一株茶树，枝壮叶茂，还透发着兰花香味，与以往见过的茶树不同。魏荫好生好奇，正想探身细细查看，突然传来一阵狗吠声，把好梦扰醒。

醒过来的魏荫觉得梦境过于清晰，第二天一大早便循着梦中途径寻觅，果然在悬崖的一石隙间发现一株如梦中所见的茶树。细加观察，这茶叶叶形椭圆，叶肉肥厚，嫩芽紫红，青翠欲滴。

于是，喜出望外的魏荫小心翼翼地将茶树挖出来，移植在家中的一口破铁鼎里，悉心培育。经数年压枝繁殖，株株茁壮，叶叶油绿。魏荫将茶叶分四季采摘，每次采摘，不是采摘非常幼嫩的芽叶， 而是采摘成熟新梢的2～3叶，然后用自己娴熟的工艺进行制茶。魏荫用此新叶制出的茶叶都有独特的香味，茶质特异，品质超凡出众。

魏荫如获至宝，将茶叶密藏罐中。只有贵客嘉宾临门，魏荫才会冲泡这种茶叶，所以饮过此茶的人，均赞不绝口。一天，有位塾师饮了此茶，便惊奇地问："这是何好茶？"魏荫便把梦中所遇和移植经过一五一十地告诉了塾师，并说此茶是在崖石中发现，崖石威武似罗汉，移植后又种在铁鼎中，想称它为"铁罗汉"。塾师摇头道："有的罗汉狰狞可怖，好茶岂可俗称。"塾师拿着茶树叶片在太阳下观看，发现茶叶闪烁着"铁色"之光，想到此茶乃观音托梦所获，于是就对魏荫说："还是称'铁观音'才雅！"从此铁观音就在民间流传开来。

武夷大红袍

茶叶

茶汤

叶底

产地

产于福建省武夷市武夷山北部天心岩下天心庵之西的九龙窠。

茶叶介绍

武夷大红袍，是中国茗苑中的奇葩，有“茶中状元”之称。在早春茶芽萌发时，从远处望去，整棵树艳红似火，仿佛披着红色的袍子，这也就是大红袍的由来。

武夷大红袍的原产地在福建省武夷山市武夷山北部天心岩下天心庵之西的九龙窠。山壁上有“大红袍”三个朱红色大字。该处海拔600多米，气候温和，溪涧飞流，云雾缭绕，土壤都是酸性岩石风化而成，适合茶树生长。

鉴别方法

武夷大红袍最突出的特点是岩骨花香，品饮时妙不可言的“岩韵”。品鉴时要从外形、汤色、香气、滋味、冲泡次数和叶底等多个方面来观察。其中以香气和滋味这两方面为重点。香气：香气清爽，吸入后，深呼一口气从鼻中出，若能闻到幽幽香气的，其香品为上。滋味：入口甘爽滑顺者美，苦、涩、麻、酸者劣。

茶叶特色

外形：壮实，稍扭曲。

色泽：带宝色或油润。

香气：香气馥郁，有兰花香，香高而持久。

汤色：橙黄明亮。

滋味：醇厚甘爽。

叶底：软亮匀齐，红边或带朱砂色。

武夷肉桂

产地

产于福建省武夷山。

茶叶介绍

武夷肉桂是以肉桂良种茶树鲜叶，用武夷岩茶的制作方法制成，由于它的香气滋味有似桂皮香，所以在习惯上称“肉桂”。武夷山茶区，是一片兼有黄山怪石云海之奇和桂林山水之秀的山水圣境。山区平均海拔 650 米，有红色砂岩风化的土壤，土质疏松，腐殖质含量高，酸度适宜，雨量充沛，山间云雾弥漫，气候温和，冬暖夏凉，岩泉终年滴流不绝。茶树即生长在山坳岩壑间，由于雾大，日照短，漫射光多，茶树叶质鲜嫩，含有较多的叶绿素。武夷肉桂除了具有岩茶的滋味特色外，更以其香气辛锐持久的特点备受人们的喜爱，有“香不过肉桂，醇不过水仙”的说法。

鉴别方法

肉桂茶的香讲究馥郁的桂皮香，有的还带乳香，香气久泡犹存。肉桂茶的香不但要闻得到，最关键是要喝得到，好肉桂茶的香最主要在水里，谓之“水合香”。此外，很多普通的肉桂茶通过用高火加工，给人以汤水醇厚浓郁的错觉。

茶叶特色

外形：肥壮紧结，重实匀整。
色泽：乌褐油亮。
香气：浓郁持久，具有乳香、蜜桃香或桂皮香。
汤色：金黄清澈明亮。
滋味：醇厚鲜爽，咽后齿颊留香。
叶底：肥厚软亮，红边明显。

茶叶

茶汤

叶底

凤凰单丛

茶叶

茶汤

叶底

产地

潮州凤凰山。

茶叶介绍

凤凰单丛为历史名茶，为凤凰水仙种的优异单株，因单株采收、制作，故称单丛。以茶叶在冲泡时散发出浓郁的天然花香而闻名，在滋味上具有独特的“山韵”，使其区别于其他产地单丛茶。

凤凰山区濒临东海，茶树均生长于海拔 1000 米以上的山区，终年云雾弥漫，空气湿润，昼夜温差大，年降水量 1800 毫米左右。土壤肥沃深厚，含有丰富的有机物质和多种微量元素，有利于茶树的发育与形成茶多酚和芳香物质。

鉴别方法

凤凰单丛外形呈条状，色泽有黄褐的、灰褐的、乌褐的，内质既有绿茶的清香，又有花茶的芬芳，还有红茶的甘醇浓厚的滋味，是集花香、蜜香、果香、茶香为一体的浓香型茶叶。

茶叶特色

外形：紧结重实。

色泽：黄褐，油润有光。

香气：花蜜香持久。

汤色：金黄明亮。

滋味：甜醇回甘，蜜韵显。

叶底：肥厚软亮，匀整。

冻顶乌龙

产地

台湾南投县的鹿谷乡，主要是以青心乌龙为原料制成。

茶叶介绍

冻顶乌龙茶俗称冻顶茶，是台湾知名度极高的茶，也是台湾包种茶的一种。台湾包种茶属轻度或中度发酵茶，亦称“清香乌龙茶”。包种茶按外形不同可分为两类，一类是条形包种茶，以“文山包种茶”为代表；另一类是半球形包种茶，以“冻顶乌龙茶”为代表，素有“北文山，南冻顶”之美誉。

冻顶乌龙茶的原产地在台湾南投县鹿谷乡的冻顶山，年均气温 22℃，年降水量 2200 毫米，空气湿度较大，终年云雾缭绕。茶园为棕色高黏性土壤，杂有风化细软石，排、储水条件良好，茶树生长茂盛。

鉴别方法

正品冻顶乌龙的茶叶颗粒呈半球状，色泽墨绿，边缘有隐隐的金黄色。冲泡后，叶底柔软有缎面感，用手捏感觉有韧性。而劣质茶叶看起来颜色要鲜绿一些，而且颗粒包裹得不是很紧实，看起来比较松散，在冲泡一会之后，茶的叶片就比较薄，没有什么韧性，用手捏很容易就破裂。

茶叶特色

外形：颗粒紧结。

色泽：油润。

汤色：黄绿明亮。

香气：香高持久。

滋味：醇厚甘润，喉韵回甘强。

叶底：肥厚匀整。

茶叶

茶汤

叶底

黑茶类

黑茶质量优劣可以通过感官品味出来，真正的黑茶茶品具有独到的黑茶发酵香即甜酒之香，这是黑茶初制渥堆工艺的标志性香型。茯砖茶则有典型的菌花香（这是有别于其他黑茶茶品的特征香气），发酵不够的茶品则日晒味、泥腥味和粗青气较重，发酵过度则有明显的酸馊之气。保存得当的话，黑茶会越陈越香。

|视频同步学茶艺|

宫廷普洱

产地

产于云南昆明市、西双版纳傣族自治州。

茶叶介绍

宫廷普洱是普洱茶的一种，在古代专门进贡给皇族享用，称得上是茶中的名门贵族。据清阮福《普洱茶记》记载：“于二月间采蕊极细而白，谓之毛尖，以作贡，贡后方许民间贩卖。”

如今宫廷普洱已不再那么神秘和高贵，但作为一种上好的茶叶，它的制作依旧颇为严格，必须选取二月份上等野生大叶乔木芽尖中极细且微白的芽蕊，经过杀青、揉捻、晒干、渥堆、筛分等多道复杂的工序，才最终制成优质茶品。

鉴别方法

茶叶的原料选用的是细嫩的芽头，冲泡后可看出均为一芽两叶，且第一片叶段的梗很短，几乎是贴着第一片叶段处采摘下来的；条索紧直较细，金毫显露，如果看起来全是细细的芽尖，而不是一芽两叶，条索粗大稍松，则非宫廷普洱。

茶叶特色

外形：条索紧细，匀净完整。

色泽：褐红油润，且带有金色的毫毛。

汤色：红浓明亮。

香气：陈香浓郁。

滋味：浓醇细腻，爽口回甘。

叶底：褐红细嫩，亮度好。

六堡散茶

产地

原产于广西壮族自治区苍梧县大堡乡而得名。现在六堡散茶产区相对扩大，分布在浔江、郁江、贺江、柳江和红水河两岸，主产区是梧州地区。

茶叶介绍

六堡散茶是采摘一芽二叶、三叶或一芽三叶、四叶，经杀青、揉捻、沤堆、复揉、干燥五道工序，未经压制成型，保持了茶叶条索的自然形状，而且条索互不黏结的六堡茶。六堡茶耐于久藏、越陈越香。

六堡茶素以“红、浓、陈、醇”四绝著称，品质优异，风味独特。由于其汤色红浓明亮，给人感觉温暖、喜庆，因而被赋予“中国红”的文化韵味和民族特色，寄寓着平安喜庆、和谐团圆、兴旺发达，使其声名远播，尤其是在海外侨胞中享有较高的声誉。

鉴别方法

存储得当的陈年六堡散茶外观无霉变痕迹，有一层很自然的灰“霜”，陈香干爽自然，口感醇厚滑顺；做“旧”的六堡散茶通常有霉味，冲泡后汤色晦暗发哑甚至出现浑浊，叶底发黏稀烂，喝起来会觉得喉头有点紧，没有槟榔香和松烟香。

茶叶特色

外形：条索肥壮，呈圆柱形，长整尚紧。
色泽：黑褐光润。
汤色：红浓明亮。
香气：纯正醇厚，具有槟榔香和松烟香。
滋味：甘醇甜滑，爽口回甘。
叶底：呈铜褐色。

茶叶

茶汤

叶底

湖南千两茶

茶叶

茶汤

叶底

产地

产于湖南省安化县云台山。

茶叶介绍

千两茶是湖南安化的一种传统名茶，以每卷（支）的茶叶净含量合老秤一千两而得名，因其外表的篾篓包装呈花格状，故又名“花卷茶”。

千两茶的加工技术性强，工艺保密。1952 年，湖南省白沙溪茶厂独家掌握了千两茶加工工艺。但由于千两茶的全部制作工序均由手工完成，劳动强度大，工效低，白沙溪茶厂始创了以机械生产花卷茶砖取代千两茶，停止了千两茶的生产。后来白沙溪茶厂唯恐千两茶加工技术失传，又聘请了老技工回厂带学徒，恢复了传统的千两茶生产。1998 年白沙溪茶厂获批国家专利，从而使白沙溪茶厂成为全国唯一合法生产千两茶的厂家。

鉴别方法

优质的千两茶呈圆柱体形，每支净重约 37.3 千克，连皮为 38.5 ~ 39 千克，压制紧密细致，无蜂窝巢状，茶叶紧结或有“金花”。如果重量超过 40 千克或低于 35 千克，茶体有裂纹，中心发乌、无光泽、晦暗，则是质劣的千两茶。

茶叶特色

外形：呈圆柱形，一般长1.5 ~ 1.65米，直径0.2米左右。

色泽：通体乌黑有光泽。

香气：陈香悠长，带松烟香、菌花香。

汤色：橙黄或橙红，明亮透彻。

滋味：新茶微涩，陈茶甜润醇厚。

叶底：黑褐嫩匀，叶张较完整。

青砖茶

产地

产于湖北省咸宁地区的赤壁、咸宁、通山、崇阳、通城等县。

茶叶介绍

青砖茶属黑茶种类，是以湖北老青茶为原料，经压制而成的。1890 年前后，在蒲圻（今湖北省赤壁市）羊楼洞开始生产炒制的篓装茶，即将茶叶炒干后，打成碎片，装在篾篓里（每篓 2.5 千克），运往北方，称为炒篓茶，以后发展为以老青茶为原料经蒸压制成青砖茶。

青砖茶的压制分洒面、二面和里茶三个部分，最外一层称洒面，原料的质量最好；最里面的一层称二面，质量次之；这两层之间的一层称里茶，质量相对稍差。传统青砖茶外形为长 34 厘米、宽 17 厘米、高 4 厘米的长方形，重 2 千克。

鉴别方法

优质青砖茶砖面光滑、棱角整齐、紧结平整、色泽青褐、压印纹理清晰，砖内无黑霉、白霉、青霉等霉菌。经过适当存放的陈年青砖茶品质更佳，具有浓郁纯正的陈香气，并含有发酵菌香，在特定条件下陈年青砖茶还可有明显的杏仁香气。

茶叶特色

外形：呈长方形，端正光滑，厚薄均匀，酷似青砖。

色泽：青褐油润。

汤色：红黄尚明。

香气：纯正馥郁。

滋味：味浓可口，陈茶滋味甘甜。

叶底：暗黑粗老。

黄茶类

黄茶按鲜叶老嫩芽叶大小又分为黄芽茶、黄小茶和黄大茶。其最大的特点就是“黄汤黄叶”，这得益于其独特的制作工艺。

|视频同步学茶艺|

君山银针

茶汤

叶底

产地

产于湖南省岳阳市洞庭湖中的君山。

茶叶介绍

君山银针是黄茶中最杰出的代表，色、香、味、形俱佳，是茶中珍品。君山银针在历史上曾被称为“黄翎毛”“白毛尖”等，后因它茶芽挺直，布满白毫，形似银针，于是得名“君山银针”。

君山银针有“金镶玉”之称，古人曾形容它如“白银盘里一青螺”。据《巴陵县志》记载：“君山产茶嫩绿似莲心。”“君山贡茶自清始，每岁贡十八斤。”“谷雨”前，知县邀山僧采制一旗一枪，白毛茸然，俗称“白毛茶”。

鉴别方法

优质的君山银针由未展开的肥嫩芽头制成，芽头肥壮挺直、匀齐，满披茸毛，色泽金黄光亮，香气清鲜，茶色浅黄，味甜爽，冲泡看起来芽尖冲向水面，悬空竖立，然后徐徐下沉杯底，形如群笋出土，又像银刀直立。

茶叶特色

外形：茁壮挺直。

色泽：芽头金黄。

香气：毫香鲜嫩。

汤色：杏黄明净。

滋味：醇和甜爽。

叶底：肥厚匀亮。

君山银针，原名“白鹤茶”，据传这种茶的产生与白鹤真人有关。

相传在初唐的时候，有一天君山岛上来了一位被人们尊称为白鹤真人的云游道士，这个道士来到岛上的同时也带来了神仙赐给他的茶苗。来到岛上后白鹤真人就在这里安定了下来，盖起了巍峨壮观的白鹤寺，同时在寺里面挖了一口井水，人们也将其取名为白鹤井。井成之日，地下泉水汩汩而出，甘甜清冽。

白鹤真人将带来的茶苗种植在寺里面，用白鹤井中的井水进行浇灌，等茶树长大制作成茶叶时，冲泡的茶水也用白鹤井中的井水，冲泡后的茶汤冒出白气，水汽中一只仙鹤冲天而去，人们因此也称此茶为白鹤茶。

这白鹤茶的名头越传越响，一直传到了县令耳中。县令向白鹤真人讨来一些茶，送给当朝丞相，丞相又将其献给当时刚刚承袭皇位的后唐第二个皇帝明宗李嗣源。

一日上朝议事，太监为明宗沏茶，开水方倒入杯中，即见有团白雾腾空而起，天空出现一只白鹤向明宗点了三下头后翱翔而去。杯中茶也开始齐崭崭地从杯底升起，如破土春笋，不久又慢慢下沉，如下落的雪花。明宗感到很奇怪，就问侍臣是什么原因。侍臣阿庚奏道，这是用白鹤井水泡的黄翎毛（即银针茶）。白鹤点头飞入蓝天，表示“万岁”洪福齐天；翎毛竖起，表示对“万岁”的敬仰；黄翎缓坠，表示对“万岁”的诚服。明宗听后大喜，下旨将此茶列为贡茶。

但是，有一年进贡时，船过长江，由于风浪颠簸把随船运来的白鹤井水给泼掉了。押船的州官吓得面如土色，情急之下，只好取江水鱼目混珠。运到长安后，皇帝泡茶，只见茶叶上下浮沉却不见白鹤冲天，心中纳闷，随口说道：“白鹤居然死了！”岂料金口一开，即为玉言，从此白鹤井的井水就枯竭了，白鹤真人也不知所踪。但是白鹤茶却流传下来，即是今天的君山银针茶。

蒙顶黄芽

茶叶

茶汤

叶底

产地

产于四川省雅安市蒙顶山。蒙顶山是著名的茶叶产区，有诸多品种，其中品质最佳者即蒙顶甘露和蒙顶黄芽。

茶叶介绍

蒙顶黄芽，是芽形黄茶之一，为黄茶之极品。其产地蒙顶山是茶树种植和茶叶制造的起源地，蒙山各类名茶总称蒙顶茶。蒙顶茶自古为茶中珍品，自唐朝开始，至清朝上千年间，蒙顶茶岁岁为贡茶，民谣称“扬子江中水，蒙山顶上茶”，可见蒙顶茶名之盛。新中国成立后蒙顶茶曾被评为全国十大名茶之一。

蒙顶黄芽采摘于春分时节，当茶树上有 10% 左右的芽头鳞片展开，即开园采摘。选采肥壮的芽和一芽一叶初展的芽头。采回的嫩芽经复杂精细的制作工艺加工，才能制成茶中的极品。

鉴别方法

蒙顶黄芽鲜叶采摘标准为一芽一叶初展，芽叶细嫩，匀整多毫，没有叶柄、茶梗；冲泡后，汤色黄亮，可看见茶芽似嫩笋，渐次直立，上下沉浮，并且在芽尖上有晶莹的气泡。伪劣的蒙顶黄芽多用别的品种茶叶染色制成。

茶叶特色

外形：扁平挺直，芽条匀整，芽毫显露。

色泽：色泽黄润。

汤色：黄亮透碧。

香气：甜香鲜嫩。

滋味：甘醇鲜爽，回甘生津。

叶底：叶底全芽，嫩黄匀齐。

沩山毛尖

产地

产于湖南省宁乡县水沩山的沩山乡。

茶叶介绍

沩山乡自然环境优越，素有“千山万山朝沩山，人到沩山不见山”之说。这里气候温和，光照少，空气相对湿度在80%以上，茶园土壤土层深厚，腐殖质丰富，茶树久受甘露滋润，不受寒暑侵袭，根深叶茂，芽肥叶壮。沩山历代名茶驰名中外，畅销各地。在20世纪50年代，毛泽东主席品尝沩山毛尖后，托工作人员写信向沩山乡致谢。刘少奇主席生前把沩山毛尖作为家乡茶款待国内外友人。华国锋同志题词称“沩山毛尖，具有独特风格”。谢觉哉、甘泗淇、周光召等宁乡籍革命老前辈，对故乡的沩山毛尖都给予了高度的评价。

鉴别方法

优质的黄茶型沩山毛尖外形微卷，芽粗叶壮，并有松散感，三黄特点显著（干茶、茶汤、叶底显黄）；香气独特，既有绿茶的清香，又有红茶的花香；冲泡后汤色清澈干净，但品尝后口腔有粘稠感，回甘持久，茶味不苦不涩，味道鲜爽醇厚。

茶叶特色

外形：外形微卷，芽叶肥厚，条索紧细卷曲有锋苗，白毫显露。

色泽：光润杏黄。

香气：香气嫩香持久。

汤色：黄亮油润。

滋味：鲜爽醇厚，回味甘甜。

叶底：细嫩均匀、柔软鲜活、杏黄油亮。

茶叶

茶汤

叶底

白茶类

白茶为福建特产，属轻发酵茶，是我国茶类中的特殊珍品。因其成品茶多为芽头，满披白毫，如银似雪而得名。

白茶依鲜叶的嫩度不同分为白芽茶、白叶茶，白芽茶是用大白茶或其他茸毛特多品种的肥壮芽头制成的白茶，白毫银针属白芽茶；白叶茶是指用芽叶茸毛多的品种制成的白茶，白牡丹、贡眉、寿眉属白叶茶。

|视频同步学茶艺|

白毫银针

茶叶　茶汤　叶底

产地

产于福建省宁德市福鼎市、南平市政和县。

茶叶介绍

白毫银针，简称银针，又叫白毫，素有茶中“美女”之称，由于鲜叶原料全部是茶芽，故成茶形状似针，白毫密被，色白如银，因而得名。白毫银针的干茶令人赏心悦目，冲泡后杯中的景观也使人情趣横生。茶在杯中冲泡，即出现白云疑光闪，满盏浮花乳，芽芽挺立，蔚为奇观。

现在生产的白毫银针，是采自茸毛较多的福鼎大白茶、政和大白茶良种茶树，通过特殊的制茶工艺而制成的。

鉴别方法

白毫银针的鲜叶为春茶嫩梢肥壮的一芽一叶，干茶外形似针，色白如银，长约3厘米，没有枳、老梗、老叶及腊叶。冲泡时，芽尖冲向水面，悬空竖立，然后徐徐下沉杯底，条条挺立，上下交错。

茶叶特色

外形：茶芽肥壮挺直。

色泽：色白如银。

汤色：杏黄或杏绿，清澈晶亮。

香气：毫香浓郁，清鲜纯正。

滋味：甘醇爽口。

叶底：肥嫩全芽，柔软明亮。

传说很早以前，有一年，政和县一带久旱不雨，瘟疫四起，病者、死者无数。传说在政和县的东边云遮雾挡的洞宫山上有一口龙井，龙井旁长着几株仙草，揉出草汁包治百病，草汁滴在河里、田里，就能涌出水来，因此要救众乡亲，需要勇敢的人去将仙草采摘回来。很多勇敢的小伙子纷纷去寻找仙草，但都有去无回。

有一户人家，家中有志刚、志诚、志玉兄妹三人，三人商定先由大哥去找仙草，如不见回，再由二哥去找，假如也不见回，则由三妹寻找下去。大哥志刚出发前把祖传的鸳鸯剑拿出来，对弟弟和妹妹说："如果你们发现鸳鸯剑上生锈，这便表示大哥不在人世了，就由志诚你接着去找仙草。"说完就朝东方出发了。

这一天，大哥走到了洞宫山下，这时路旁走出一位老爷爷，告诉他上山时只能向前不能回头，否则采不到仙草。志刚一口气爬到半山腰，只见满山乱石，阴森恐怖，忽听一声大喊"你敢往上闯！"，志刚大惊，一回头，立刻变成了这乱石岗上的一块新石头。二哥志诚发现剑已生锈，知道大哥不在人世了，于是拿出铁镞箭对妹妹志玉说："我去采仙草了，如果发现箭镞生锈，就说明我也不在了。"接着志诚去找仙草，在爬到半山腰时由于回头也变成了一块巨石。

找仙草的重任落到了志玉的头上。她出发后，途中也遇见老爷爷，同样告诉她上山千万不能回头，并送她一块烤糍粑。志玉谢后继续往山上走，来到乱石岗，奇怪声音四起，她急中生智用糍粑塞住耳朵，坚决不回头，终于爬上山顶来到龙井旁，拿出弓箭射死了黑龙，采下仙草上的芽叶，并用井水浇灌仙草，仙草开花结子，志玉采下种子，立即下山。过乱石岗时，她将仙草芽叶的汁水滴在每一块石头上，石头复活成了人。兄妹三人回乡后治好了乡亲们，又将种子种满山坡。这种仙草便是白毫银针的茶树，于是这一带年年采摘茶树芽叶，晾晒收藏，广为流传，这便是白毫银针名茶的来历。

白牡丹

茶叶

茶汤

叶底

产地

产于福建省南平市政和县、松溪县、建阳区及福鼎市。

茶叶介绍

白牡丹因其绿叶夹银白色毫心，形似花朵，冲泡之后绿叶托着嫩芽，宛若蓓蕾初开而得名。白牡丹是福建省历史名茶，1922 年以前创制于福建省建阳县水吉乡，1922 年政和县亦开始制作，渐成为本品的主产区，远销越南，现主销港澳及东南亚地区，有退热祛暑之功效，为夏日佳饮。

制造白牡丹的原料主要为政和大白茶和福鼎大白茶良种茶树芽叶，有时采用少量水仙品种茶树芽叶供拼和之用。选取的原料要求白毫显，芽叶肥嫩。传统采摘标准是春茶第一轮嫩梢采下一芽二叶，芽与二叶的长度基本相等，并要求“三白”，即芽、一叶、二叶均要求满披白色茸毛。

鉴别方法

白牡丹两叶抱一芽，叶态自然，叶张肥嫩，呈波纹隆起，叶背遍布洁白茸毛，叶缘向叶背微卷，芽叶连枝。茶叶中只有嫩叶，不含其他杂质。冲泡后，茶汤清澈呈杏黄色，可以看见碧绿的叶子衬托着嫩嫩的叶芽，好似牡丹蓓蕾初放，形状优美。

茶叶特色

外形：叶张肥嫩。

色泽：灰绿或暗青苔色，显毫。

香气：毫香明显。

汤色：杏黄清澈。

滋味：鲜醇清甜。

叶底：叶底浅绿，叶脉微红，柔软成朵。

贡眉

产地

产于福建省南平市建阳区。

茶叶介绍

贡眉，是上等白茶。清代萧氏兄弟制作的寿眉白茶被朝廷采购，被称为贡品寿眉白茶，简称“贡眉”。寿眉白茶是白茶中产量最高的一个品种，因干茶白毫显露，酷似寿仙眉毛，因而得此名。现如今一般以贡眉表示上品，质量优于寿眉。

贡眉是以菜茶有性群体茶树芽叶制成的白茶。用菜茶芽叶制成的毛茶称为“小白”，以区别于福鼎大白茶、政和大白茶茶树芽叶制成的“大白”毛茶。菜茶茶芽曾用以制造白毫银针，其后改用“大白”制白毫银针和白牡丹，而“小白”则用以制造贡眉。

鉴别方法

贡眉为一芽二叶至一芽三叶，含有嫩芽、壮芽。特级贡眉毫心明显，茸毫色白且多；叶张幼嫩伏贴，两边缘略带垂卷形，叶面有明显的波纹，嗅之没有“青气”。冲泡后，芽叶在杯中上下浮动，玉白透明，形似兰花；叶底色泽黄绿，叶质柔软匀亮，叶张主脉迎光透视呈红色。

茶叶特色

外形：形似扁眉，毫心多而肥壮。

色泽：翠绿鲜活有光泽。

香气：清鲜纯正。

汤色：橙黄清澈。

滋味：清甜醇爽。

叶底：匀整、柔软、明亮。

茶叶

茶汤

叶底

花茶类

花茶是诗一般的茶，它融茶之韵与花香于一体，通过“引花香，增茶味”，使花香茶味珠联璧合，相得益彰。

过去花茶采用烘青绿茶作为茶胚，其品种上的差别就在于窨花的不同，如茉莉花茶、白兰花茶、玫瑰花茶、桂花茶等。近年来，花茶发展很快，不仅用龙井、毛峰等名贵绿茶做茶坯，而且红茶、乌龙茶等均可做茶坯。花茶香气浓郁，饮后给人以芬芳之感，特别受到我国北方地区人民的喜爱。

茉莉花茶

产地

产于福建福州、宁德和江苏苏州等地。

茶叶介绍

茉莉花茶是将茶叶和茉莉鲜花进行拼和、窨制，使茶叶吸收花香而成的一种再加工茶类，因茶中加入茉莉花朵熏制，故名茉莉花茶。茉莉花茶是花茶的大宗产品，产区辽阔，品种丰富，在我国北方非常适销。

茉莉花茶的色、香、味、形与茶坯的种类、质量及鲜花的品质有密切关系，茶坯多采用名茶代表性花色，鲜花则采用品质上等的伏季茉莉。根据茶坯种类的不同，茉莉花茶又有着不同的名称。大宗茉莉花茶以烘青绿茶为主要原料，统称茉莉烘青。

鉴别方法

上等茉莉花茶所选用的茶坯，以嫩芽者为佳。以福建花茶为例：条形长而饱满、白毫多、无叶者上，次之为一芽一叶、二叶或嫩芽多，芽毫显露。越是往下，芽越少，叶居多，低档茶则以叶为主，几乎无嫩芽或根本无芽。

茶叶特色

外形：条索紧细、匀整。

色泽：黑褐油润。

汤色：黄绿明亮。

香气：鲜灵持久，浓而不冲。

滋味：醇厚鲜爽，回甘留香。

叶底：嫩匀柔软。

相传在很久以前，北京有一位叫陈古秋的茶商，在去南方采购茶叶的途中在客栈投宿，遇见一位年轻女子，披麻戴孝，孤身一人，仿佛有什么悲苦的心事。陈古秋心生怜悯，便上前询问缘由。姑娘凄凄地告诉他，老父去世，无钱买棺材下葬，所以悲切。陈古秋十分同情，便出资帮姑娘安葬了父亲。姑娘知道陈古秋是茶商，但身无长物，为了报答陈古秋，特地在第二年春天亲手制作了茶叶，准备赠予他，但是并未等到他。

三年后的春天，陈古秋又一次南下，途经此地。客栈老板见到他十分高兴，寒暄过后，老板交给他一包茶叶，说是三年前他曾经帮助过的那位姑娘所赠。陈古秋立即询问姑娘现状，老板叹声说她已于一年前离世。陈古秋只好带着这包茶叶回京。

到了冬天，陈古秋邀请一位朋友到家中品茗闲谈，这位朋友是一位品茶高手，精通茶艺茶道。在相谈甚欢之际，陈古秋想起今春姑娘所赠茶叶还未曾品尝过，何不请朋友一同品尝，随即拿出茶叶冲泡。茶泡好后，当他们打开碗盖，先是异香扑鼻，接着在冉冉升起的热气中，一位美丽的姑娘若隐若现，手中捧着一束茉莉花，渐渐地姑娘隐去，又变成了一团热气。

陈古秋大惑不解，就问朋友是否知晓其中的缘故。朋友说："你一定是在某时某处做过什么善事，这茶乃茶中绝品'报恩茶'，过去只是闻听，今得以亲见，是何人相送？"。陈古秋便向朋友讲述了三年前所发生的事。朋友感叹："此茶为珍品，极其难得，制作此茶极耗费人之精力，想必这位姑娘已不在人世。"陈古秋叹道："确实如此"。

"但为什么她独独捧着茉莉花呢？"为破此不解，两人又重复冲泡了一次，那手捧茉莉花的姑娘再次出现。陈古秋一边品茶，一边悟道："依我之见，这乃是茶仙提示：茉莉花可以入茶。"于是次年，陈古秋便将茉莉花加入茶中，果然制出了芬芳诱人的茉莉花茶，深受北方人喜爱。从此，便有了这种新茶品：茉莉花茶。

各地
饮茶文化

不同的地方有不同的饮茶文化，老北京的大碗茶、成都地区的盖碗茶、湖南的擂茶、潮汕的工夫茶等，这些特色茶俗早已成为中国茶文化中的重要部分，渗透在不同地区，丰富着人们的生活。

|视频同步学茶艺|

成都的盖碗茶

蜀中茶文化在中国茶文化历史上颇具代表性，而蜀中地区最具代表性的茶文化，就是蜀中独有的盖碗茶。

盖碗茶，是由成都最先创制的一种特色饮茶方式。盖碗茶分为三个部分，包括茶盖、茶碗和茶舟。茶舟又叫茶船子，也就是托着茶杯的茶托，相传是唐代西川节度使崔宁之女所发明。原来的茶杯没有底托，常会烫到手指，她就巧思发明了木盘子来承托茶杯。为防止喝茶时杯易倾倒，她用蜡将木盘中央环上一圈，使杯子便于固定。后来，茶船改用漆环来代替蜡环。这种特有的饮茶方式诞生之后，就逐步向四周地区发展，后世遍及于南方。后来，根据人们的不断改进，茶舟也变得越来越精巧了。所谓的“茶船文化”，实际上也就是盖碗茶文化。

旧时，川人饮用盖碗茶很有讲究。品茶之时，以托盘托起茶碗，用盖子轻刮半覆，吸吮而啜饮。若把茶盖置于桌面，则表示茶杯已空，茶博士（指卖茶的伙计）即会将水续满；若临时离开，只需将茶盖扣置于竹椅之上，即不会有人侵占座位。茶博士斟茶也很有技巧，水柱临空而降，泻入茶碗，翻腾有声，须臾之间，戛然而止，茶水恰与碗口平齐，无一滴溢出，简直是一种艺术享受。

饮用盖碗茶时，一手提碗，一手握盖，用碗盖顺碗口由里向外刮几下，一来可以刮去茶汤面上的漂浮物，二来可以使茶叶和添加物的汁水相融；然后以盖半覆，吸吮而饮。

老北京的大碗茶

说起老北京的大碗茶，老辈们或许会想起曾经几人一边分着喝 2 分钱一大碗的茶，一边闲聊斗嘴的日子。大碗茶常常以茶摊或茶亭的形式出现，主要为过往的客人解渴小憩。大碗茶的做法很简单，可以直接把茶叶放入水中，熬煮成一大壶；也可以将特有的成茶直接盛入大碗中，盖上玻璃就可以等待过路口渴的行人了。大碗茶随意，无须讲究喝茶方式，摆设也很简单，一张桌子，几条凳子，若干只粗瓷大碗便可。

大碗茶最盛行的时候其实还是清朝。那时候，北京四九城的街面上，到处都有大大小小的茶楼、茶园、茶馆，接待着来来往往的茶客。当年的茶客里有相当一部分人是八旗子弟。他们依靠朝廷发的粮饷度日，每天懒懒散散地在北京城内混日子，遛遛鸟、喝喝茶。茶馆也就成了这些人几乎每天都要光顾的地方。

如今，这些理所当然地成为回忆，不过，大碗茶由于贴近社会、贴近生活、贴近百姓，依然受到人们的喜爱。即便是生活条件不断得到改善和提高的今天，大碗茶仍然不失为一种重要的饮茶方式。

湖南的擂茶

擂茶是湖南益阳、常德等地的特色食品，旧时制法是把新鲜茶叶、生姜和生米仁三种原料混合、研碎、加水，烹煮成汤。如今的擂茶，除了茶叶外，还配以炒熟的花生、芝麻、米花；调料有生姜、食盐、胡椒粉等，把这些原料放在特制的陶制擂钵内，然后用硬木擂棍用力旋转，使各种原料混合，再取出，一一倾入碗中，用沸水冲泡，用调匙轻轻搅动几下，即调成擂茶。擂茶根据所加调料的不同还具有不同的功能，如止渴、消暑、抗寒等，深受当地人们的喜爱。

第一道程序：备具迎宾。清洗“擂茶用具”，准备擂茶迎宾，展现擂茶茶艺特有的茶具——擂钵、擂棒。

第二道程序：八宝现身。请宾客欣赏擂茶所用的原料，它们由炒米、茶叶、生姜、黄豆、花生、芝麻、陈皮、调味的糖与盐等八种配料组成，每种配料都已经过不同的方法精心加工。

第三道程序：磨碎配料。将配料一一投入擂钵中，用擂棒细细磨碎。“擂茶”本身就是很有表现力的艺术，擂茶时无论是动作，还是擂钵发出的声音都极有韵律。

第四道程序：冲调擂茶。将开水注入擂钵中，并不断用擂棒搅拌。擂钵中各种配料混合，散发着扑鼻的香气，一钵“水乳交融”、香喷喷的擂茶终于制作好了。

第五道程序：香茶敬客。用木勺将擂茶分斟到茶碗里，并按照长幼顺序依次敬奉给客人。

第六道程序：品味香浓。喝一口擂茶，花生芝麻的浓香及茶的清香让人心旷神怡，口舌生津，余味无穷。擂茶更有美容养颜等功效，故人们常说“日饮两碗擂茶，胜吃两剂补药”。

大理的三道茶

无论是逢年过节、生辰寿诞，还是男婚女嫁、拜师学艺等喜庆日子里，云南大理的白族人都喜欢以“一苦、二甜、三回味”的三道茶招待亲朋好友。这三道茶，每道茶的制作方法、所用原料及蕴含意义都是不一样的。

第一道茶为“清苦之茶”，意思是做人做事要先吃苦。将茶叶放入烤热的砂罐中，茶叶色泽由绿转黄且发出焦香时，注入烧沸的开水，随即取浓茶汤饮用。由于这道茶经烘烤、煮沸而成，看上去色如琥珀，闻起来焦香扑鼻，喝下去滋味苦涩，因此称“苦茶”。苦茶通常只有半杯，客人接过主人的茶盅，应一饮而尽。

第二道茶为“甜茶”，意思是人生在世，做什么事，只有吃得了苦，才会有甜香来。客人喝完第一道茶后，主人重新用小砂罐置茶、烤茶、煮茶，与第一道茶有所不同的是，这次茶盅中放入少许红糖，因此沏好的茶才香中带甜，非常可口。

第三道茶为“回味茶”，意思是人们凡事要多“回味”，尤其记得“先苦后甜”的哲理。第三道茶与前两次的煮茶方法相同，只是茶中新加了适量蜂蜜、少许炒米花、若干粒花椒、一撮核桃仁。客人喝这第三道茶时，要边晃动茶盅，使茶汤和佐料均匀混合；口中边“呼呼”作响，趁热饮下。这道茶喝起来甜、酸、苦、辣各味俱全，回味无穷，象征着人生百态。

潮汕的工夫茶

潮汕的工夫茶作为潮汕地区的茶道代表，又被称为“潮汕茶道”。潮汕茶道是我国众多古老茶文化中的一种，经过考证，早在唐朝时期，潮汕的茶文化已经初具发展规模，潮汕等沿海地区家家户户都有喝茶的习惯。潮汕地区的人常用茶来招待客人，并誉为“最佳待客礼仪”。

潮汕地区，煮工夫茶的茶具是每家必备用具，传统的人家每天都会喝上几次工夫茶。工夫茶与其他茶相比更“浓”。刚开始喝工夫茶的时候，常常会觉得茶汤苦涩，味道不够清爽，但是喝习惯之后就会觉得工夫茶够味，而其他的茶太过寡淡。

泡工夫茶用的茶叶是乌龙茶，潮汕一带以单丛最普遍。乌龙茶花香馥郁且香型多样，叶底具有“绿叶红边”的特点。

潮汕工夫茶的冲泡很讲究。喝工夫茶一般一次斟茶的杯数不超过四杯，主人负责泡茶。首先煮水，并将茶叶放入冲罐中，以占其容积之七分为宜。水开后冲入装有茶叶的冲罐中，之后盖沫。以初沏之茶浇冲杯子，第一冲杯的目的是为了使茶的气韵贯彻杯子，喝茶的时候更感觉茶味浓郁，并营造一种茶韵的气氛。洗过茶后，再冲入刚烧开的沸水，茶叶在这个时候已经完全泡开了，性味俱发，可以斟茶饮用了。主人在斟茶时，应该将 3~4 只茶杯并围在一起，以冲罐穿梭巡回于茶杯之间，直至每杯均达七分满时停止，潮汕人称此过程为“关公巡城”。此时罐中之茶水也应该所剩不多，剩下的一点茶汤还应该一点一抬头地依次点入四只杯子中，这就是潮汕人所说的“韩信点兵”。最后，主人将斟好的茶双手依长幼次第奉于客前，先敬首席，左右嘉宾次之，自己最末。如果客人人数较多，则轮流品饮，每次饮过后的品茗杯都会用开水烫洗，为了保证茶味甘鲜，泡茶之水都会现煮现冲。

第四章

备妙器

『茶滋于水，水藉于器』，
器以『载道』之功而为茶之父。
香茗之精华、茶人之灵气，
使原本单纯实用的茶器，
被赋予了灵动悠远的非凡气质，
散发出浓重的茶文化气息，
既丰富了茶之韵味，
也增进了品饮香茗时的雅致情调。

茶“器”的发展与演变

|视频同步学茶艺|

几千年来，精美雅致的各种材质的茶器，蕴含文人之灵气，一代代传承于品茶人之手，它已从单纯的物质工具，繁衍而成一种精神文化的象征，成中国茶文化的重要组成部分。

汉魏以前，饮茶用的器皿与盛放食物与酒的器皿通用，至两晋、南北朝时，饮茶开始普及，饮茶器皿逐渐分离出来，唐代陆羽首创专用茶器。《茶经》中将涉茶所用工具分成“具”和“器”两类进行描述，前者是与饮茶间接相关的工具概览，后者介绍与饮茶直接相关的工具。自古以来“器以藏礼”“器以载道”，陆羽深谙礼法，将待客时所用的小至竹夹、巾（抹布），大至风炉、碗瓢都列为器，这些茶“器”都是礼的载体。而同是竹制的如籯、篮、笼、筥，因为它们不出现在品茶环境中，列作茶“具”。

为更清晰明了地表达茶器与礼的关系，《茶经》中的煮茶风炉被陆羽设计成鼎型。因为在古代，鼎一直是最常见和最神秘的礼器，人们在器上所看到的已不再是纯粹的器具，而是一种礼仪程式的象征,在此条件下的品茗就变成了一种社会文化符号。时至今日,进门一杯茶,仍是大中华民族圈内的共同待客礼仪。

陆羽通过设计“茶器”所要传达的“茶道”是最为朴素的“和”“饮茶健康”等理念。他精心设计的煮水风炉鼎足上书有“坎上巽下离于中”“体均五行去百疾”之言，三个格上分别标记以“坎”“巽”“离”的卦象和象征风兽的彪、象征火兽的翟、象征水兽的鱼，这正是陆羽通“五行八卦”之要义而悟出的饮茶煮水之道，展现了煮水过程中风、水、火三者相生相和的原理，从而寄寓了“和”的中国茶道核心精神。至于“体均五行去百疾”之言，意指风炉煮水时五行俱备，谐调阴阳，故饮茶可去病强身，这是陆羽在深刻理解古人养生之道基础上对饮茶功效的创造性阐释。

随着饮用方式的变化，茶器也在不断变革。唐代以饮用饼茶为主，需用到“二十四器”，烹煮的茶汤呈淡红色，青色瓷器有利于汤色呈现，因此陆羽认为“青则益茶”。宋代饮茶习惯为点注法，点茶时要用到茶筅、汤瓶等，茶汤以色白为美，黑色茶盏更利于衬托汤色，“茶色白，入黑盏，水痕易验，兔毫盏之所以为贵也。”（《方兴胜览》）其时，黑釉茶盏成为风尚。

明清时期，撮泡法兴起，茶味和茶具发生了很大变化。以前的碾、磨、罗、筅等茶具废而不用，黑盏亦逐渐失势，“莹白如玉”的茶具被认为“可试茶色，最为要用”（明·屠隆《考槃余事》）。同时，团饼茶改为散茶，茶类不断丰富，茶器的形式和材质有了更多的审美意味，“瓷器”的温润精致和“紫砂”的古朴自然受到人们的欢迎。今天，为了满足消费者的需要，茶类在不断创新、饮茶方式在不断丰富、科技在发展，促使茶器仍在不断发展与创新。

茶器的分类

茶器，指茶杯、茶壶、茶碗、茶盏、茶碟、茶盘等饮茶用具。中国的茶器，种类繁多，造型优美，除实用价值外，也有颇高的艺术价值，因而驰名中外，为历代茶爱好者所青睐。

|视频同步学茶艺|

按材质分类

茶器，按照制作材料不同而分为陶土茶器、瓷器茶器、玉石茶器、漆器茶器、金属茶器、竹木茶器和玻璃茶器、塑料茶器等几大类。

紫砂茶器

在众多茶器中备受茶人喜爱、极具美学价值的首推陶土茶器中的紫砂茶器，而其中蜚声海内外的当属宜兴紫砂茶器。它采用宜兴地区独有的紫泥、红泥、团山泥抟制焙烧而成，表里均不施釉。宜兴紫砂茶壶出现于北宋初期，明、清时大为盛行。

从造型艺术上看，紫砂茶器中的壶“方不一式，圆不一相”。方壶壶体光洁，块面挺括，线条利落；圆壶则在“圆、稳、匀、正”的基础上变出种种花样；另外还有似竹节、莲藕、松段和仿商周青铜器形状的复杂造型，皆让人感到形、神、气、态兼备，具有极高的艺术性。

紫砂茶器不仅是精美的艺术品，而且还有其独到的实用性。与其他材质的茶器相比，紫砂茶具气孔微细、密度高，有较强的吸附力，用之泡茶，色、香、味皆蕴；其里外均不上釉，用作茶器，其没出物不会产生某种不良影响；能经受冷热急变，冬天泡茶绝无爆裂之虑，放在文火上炖烧不会炸损，由于传热缓慢，使用时握摸不易炙手；其经久耐用，涤拭日加，自发黯然之光，入手可鉴。

瓷质茶器

中国是陶瓷艺术的发源地，自唐代以来，陶瓷工艺被广泛地应用于茶器生产，作为历代茶器的上选材料，造出了许多传世的艺术精品。瓷器按产品分为青瓷茶器、白瓷茶器、黑瓷茶器、彩瓷茶器和骨瓷茶器等。

青瓷茶器主要产于浙江、四川等地。青瓷为玻璃质的透明淡绿色青釉，瓷色纯净，青翠欲滴，既明澈如冰，又温润如玉，造出的茶器质感轻薄圆润柔和。

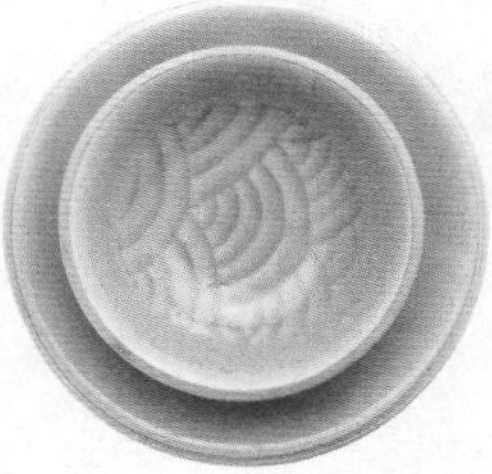

白瓷茶器产地较多，有江西景德镇、湖南醴陵、福建德化、四川大邑、河北唐山等，其中以江西景德镇的白瓷茶器最为著名，也最为普及。因其色泽纯白光洁，能更鲜明地映衬出各种类型茶汤之颜色。

黑瓷茶器始于晚唐，在宋朝达到鼎盛，延续于元，明、清始衰微。宋代斗茶之风盛行，为黑瓷茶器的流行创造了条件。白色茶沫与黑色茶盏色调分明，便于观察，且黑瓷茶器能够长时间保温，适宜斗茶所用。

彩瓷茶器于明清年间兴起。彩瓷是指带彩绘装饰的瓷器，比单色釉瓷更具美感，可细分为釉下彩、釉上彩、釉中彩以及釉上、釉下相结合的斗彩。彩瓷茶器的品种花色也很多，其中尤以青花瓷茶器最引人注目。

骨瓷始创于英国，是世界上唯一由西方人发明的瓷种。骨瓷茶器比起普通陶瓷质地更为轻巧，器壁虽薄，却致密坚硬，不易破损，釉面光滑，瓷质细腻。骨瓷属软质瓷，是以骨粉加上石英混合而成的瓷土，质地轻盈，呈奶白色。

玉石茶器

玉石茶器，由玉雕制而成，具有遇冷遇热不干裂、不变形、不褪色、不吸色、易清洗等优点。玉石作为一种纯天然的环保材质，自唐代即用于制作高档茶器，大都为皇室贵族所有。目前有河北生产的黄玉盖碗茶器，通身透黄，光洁柔润，纹理清晰。

漆器茶器

漆器茶器，以竹木或其他材质雕制后上漆制成。漆器茶器制作历史悠久，因选料和工艺精细有别，既有工艺奇巧、镶镂精细的珍品，也有日用粗放的产品。明代时大彬制作的“紫砂胎剔红山水人物执壶”，在紫砂壶上髹以朱漆，达到漆与紫砂合一的境界。漆器茶器较为著名的有北京雕漆茶器，福州脱胎茶器，江西波阳、宜春等地生产的脱胎漆器等，均别具魅力。其中以福州漆器茶器为最佳。

金属茶器

顾名思义，是用金、银、铜等金属制成的饮茶用器。按质地分类，以银为质地者称银茶器，以金为质地者称金茶器，银质而外饰金箔或鎏金称饰金茶器。金银茶器大多以锤成型或浇铸焊接，再以刻饰或镂饰。金银延展性强，耐腐蚀，又有美丽色彩和光泽，故制作极为精致，价值很高。

竹木茶器

陆羽在《茶经·四之器》中开列的28种茶器，多数是用竹木制作的。这类茶器，来源广，制作方便，对茶无污染，对人体又无害，因此，自古至今，一直受到茶人的欢迎。但缺点是不能长时间使用，无法长久保存，失却文物价值。到了清代，在四川出现了一种竹编茶器，它既是一种工艺品，又富有实用价值，主要品种有茶杯、茶盅、茶托、茶壶、茶盘等，多为成套制作。此外，还有用葫芦、椰子等果壳雕琢而成的茶器。

玻璃茶器

玻璃茶器素以它的质地透明、光泽夺目，外形可塑性大，形状各异，品茶饮酒兼用而受人青睐。如果用玻璃茶器冲泡，如龙井、碧螺春、君山银针等名茶，就能充分发挥玻璃器皿透明的优越性，观之令人赏心悦目。缺点是容易碎裂，现在通过对普通玻璃进行热处理制成有弹性、耐冲击、热稳定性好的钢化玻璃，较好地解决了玻璃茶器的这一缺陷。

此外，还有锡茶器、镶锡茶器、铜茶器等以金属制作的茶器。用锡做的储茶器，密封性较好，其保鲜功能优于各类材质的储茶器，是储存高档茶的极佳选择。

按功能分类

在泡茶过程中，按泡茶时茶器所起作用的大小，人们常常将茶器分为主泡器、辅助用具。近年来，增添冲泡情趣的茶宠悄然兴起，蔚然成风。

主泡器

器具	介绍	图例
茶壶	茶壶多以陶质、瓷质为主，主要用来泡茶，也有直接用小茶壶来泡茶和盛茶，独自酌饮的。	
茶船	茶船形状有盘形、碗形，茶壶置于其中。茶盘则是托茶壶、茶杯之用，现在常用的是两者合一，即有孔隙的茶盘置于茶船之上，多以陶土、瓷制之。	
茶海	茶海又名公道杯，也称茶盅。茶杯中的茶汤冲泡完成后可将其倒入茶海，起到中和茶汤的作用。	
茶杯	茶杯又称品茗杯，用来盛放泡好的茶汤，以陶质、瓷质、玻璃质品为常见。	
盖碗	盖碗又称盖杯，分为杯盖、杯身、杯托三部分，有紫砂、瓷质、玻璃等材质的盖碗。	

辅助用具

器具	介绍	图例
茶刀	茶刀是冲泡紧压茶前，用来解散茶的器具，有剑形、刀形和针形。撬开压制较紧的沱茶、砖茶时，一般选用针形茶刀；撬松压制较松的饼茶时，选用剑形或刀形茶刀。使用茶刀时不要将刀口、锥尖对着自己。	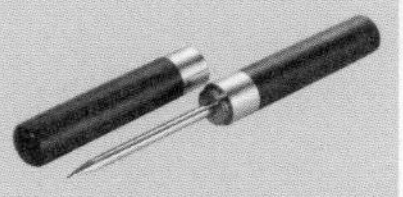
茶则	茶则是把茶叶从盛茶用具中取出的工具。可用来衡量茶叶的用量。	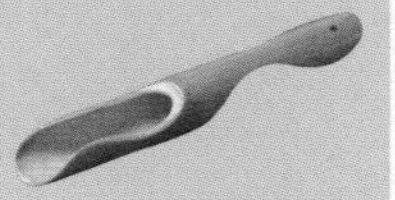
茶匙	茶匙可辅助茶则将茶叶拨入泡茶器中。多为木、竹制品。	
茶夹	茶夹相当于手的延伸工具，用来夹取杯具，烫洗茶杯用，还可以用来夹泡过的茶叶。	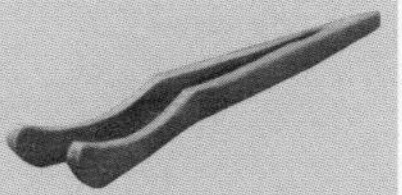
茶针	茶针用于疏通壶嘴，以保持水流畅通。	
茶漏	茶漏是圆形的小漏斗，当用小壶泡条形茶时，将其放置于壶口，茶叶从中漏进壶中，以防茶叶洒到壶外。	
茶荷	将茶叶从茶叶罐中取出放在茶荷中以供观赏，便于闻干茶的香气。多选用瓷、陶制品，以白色为佳。	
过滤网	过滤网是用来过滤茶渣。	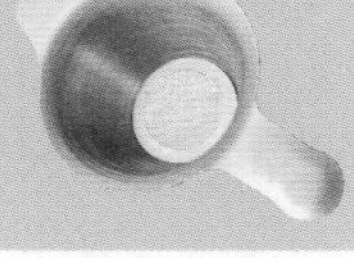

器具	介绍	图例
水盂	水盂是一种小型瓷缸，用来装温热茶器后不要的水，冲泡完的茶叶、茶梗，俗称“废水缸”。	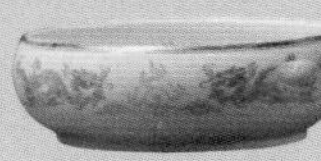
茶巾	茶巾用来擦干茶壶或茶杯底部残留的水滴，也可以用来擦拭清洁桌面。	
煮水器	煮水器用于烧水。泡茶的煮水器在古代用风炉和陶壶，目前较常见者为酒精灯及电壶，此外尚有用煤气灶及饮水机的。	
茶仓	茶仓即茶叶罐，是储放茶叶的容器。锡罐和一些盖口经过处理的瓷罐，密闭性较好，适合存放一些对存放条件要求较高的茶叶，如高档绿茶、茉莉花茶；密闭不严密的茶罐适合放红茶、黑茶等。	

茶宠

茶宠，也称为茶玩，用来装点和美化茶桌，是茶器发烧友必备的爱物。一般情况下，茶宠是放在茶盘上的装饰物，有良好的寓意，能为人们在喝茶时添加意趣。茶宠形态各异，有生肖系列的狗、猪、牛、龙等；有极富生活情趣的童子戏水、陆羽品茶；还有吉祥如意的三足金蟾、鱼化龙、招财猫、弥勒佛，以及千姿百态的仿真花生、核桃等。茶宠的选购完全取决于个人喜好。一般来说，茶宠的大小与造型宜与茶桌、茶器、环境等相搭配。

茶宠要“养”，每次泡茶时茶宠也要“喝”茶。但是需要注意的是，不是自己的茶宠不要随意请它喝茶，有的茶宠主人会比较介意别人把喝剩下的茶水倒在自己的茶宠上。

茶器的选配

|视频同步学茶艺|

在中国的品茗艺术中，茶器有着相当重要的地位。自古茶人不仅注重茶本身的色香味形，注重品茗环境，也十分注重茶器的选用。茶类与茶器相宜，则茶味更佳，趣味更浓。

根据茶叶品种选配茶器

“器以藏礼”“器以载道”，选配适宜的茶器不仅可使茶的色、香、味淋漓尽致地展现出来，也是待客礼仪是否周到的体现。

茶器款式的选配

细嫩的名优绿茶，可用无色透明玻璃杯冲泡，边冲泡边欣赏茶叶在水中缓慢吸水而舒展、徐徐浮沉游动的姿态，领略“茶之舞”的情趣。至于其他名优绿茶，除选用玻璃杯冲泡外，也可选用白色瓷杯冲泡饮用。冲泡细嫩名优绿茶，茶杯均宜小不宜大，大则水量多，易将茶叶泡熟，使茶叶色泽失却绿翠，也会使茶香减弱，甚至产生“熟汤味”。

冲泡中高档红茶绿茶，如工夫红茶、眉茶、烘青和珠茶等，因以闻香品味为首要，而观形略次，可用瓷杯直接冲饮。大宗红茶绿茶，其香味及化学成分略低，用壶沏泡，水量较多而集中，有利于保温，能充分浸出茶之内含物，可得较理想之茶汤，并保持香味。

工夫红茶可用瓷壶或紫砂壶来冲泡，然后将茶汤倒入白瓷杯中饮用。红碎茶体型小，用茶杯冲泡时茶叶悬浮于茶汤中不方便饮用，宜用茶壶泡沏。

乌龙茶宜用紫砂壶冲泡。袋泡茶可用白瓷杯或瓷壶冲泡。品饮冰茶，用玻璃杯为好。此外，冲泡红茶、绿茶、黄茶、白茶，使用盖碗，也是可取的。

高档花茶可用玻璃杯或白瓷杯冲饮，以显示其品质特色，也可用盖碗或带盖的杯冲泡，以防止香气散失；普通低档花茶，则用瓷壶冲泡，可得到较理想的茶汤，保持香味。

茶器色泽的选配

当然，也可以根据茶汤的色泽搭配茶器的色泽。茶器的色泽是指茶器的颜色和装饰图案花纹的颜色，通常可分为冷色调与暖色调两类。冷色调包括蓝、绿、青、白、灰、黑等色，暖色调包括黄、橙、红、棕等色。凡用多色装饰的茶器可根据主色划分归类。茶器色泽的选择是指外观颜色的选择搭配，其原则是要与茶叶相配，茶器内壁以白色为好，能真实反映茶汤色泽与明亮度，并应注意主泡器中壶、盅、杯的色彩搭配，再辅以船、托、盖，力求浑然一体，天衣无缝。最后以主泡器的色泽为基准，配以辅助用品。

根据饮茶场合选配茶器

茶器的选配一般有“特别配置”“全配”“常配”“简配”四个层次：

参与国际性茶艺交流、全国性茶艺比赛、茶艺表演时，茶器的选配要求是最高的，称为“特别配置”。这种配置讲究茶器的精美、齐全、高品位，必备的茶器件数多、分工细，求完备不求简洁，求高雅不粗俗，文化品位极高。

某些场合的茶器配置以齐全、满足各种茶的泡饮需要为目标，只是在器件的精美、质地要求上较“特别配置”略微低些，通常称为“全配”。如昆明九道茶是云南昆明书香门第接待宾客的饮茶习俗，所用茶器包括一壶、一盘、一罐和四个小杯。

台湾沏泡工夫茶一般选配紫砂小壶、品茗杯、闻香杯组合、茶池、茶海、茶荷、开水壶、水方、茶则、茶叶罐、茶盘和茶巾，这属于“常配”。

如果在家里招待客人或自己饮用，用“简配”就可以。“简配”即不求与不同茶品的个性对应，只求方便实用，以很少的茶器来完成整个泡茶过程。

办公室泡茶，以补充水分为主，所以杯泡比较多。一个三件套杯可以解决所有茶类的冲泡。如果条件允许，准备最主要的几种器具——紫砂壶、公道杯、品茗杯，利用工作间隙小憩一下，泡上一壶茶，提神醒脑又怡然自乐。

按饮茶习俗选配茶器

中国地域辽阔，各地的饮茶习俗不同，故对茶器的要求也不一样。

在江南一带，人们爱好品细嫩绿茶，既要闻其香，啜其味，还要观其色，赏其形，因此，特别喜欢用玻璃杯或白瓷杯泡茶。

在福建、广东及台湾地区，习惯啜乌龙茶，注重茶叶的滋味和香气，因此喜欢选用紫砂茶器泡茶，或用有盖瓷杯沏茶。潮州、汕头有“烹茶四宝”——潮汕风炉、玉书碨、孟臣罐、若琛瓯泡茶，从名字到外形都十分雅致，体现了潮汕工夫茶的独特韵味。

四川地区的人们饮茶特别钟情盖碗，喝茶时，左手托茶托，不会烫手，右手拿茶碗盖，用以拨去浮在汤面的茶叶。加上盖，能够保香，去掉盖，又可观姿察色。

长江以北一带，大多喜爱选用有盖瓷杯冲泡花茶，以保持花香，或者用大瓷壶泡茶，尔后将茶汤倾入茶盅饮用。

我国边疆少数民族地区，因风俗不同，各有所异，有的至今习惯于用碗喝茶，古风犹存。

按泡茶习惯选配茶器

每个人有不同的审美观，在茶器的选择上会形成一定的习惯，或偏好玲珑通透的玻璃茶器，或青睐精致典雅的瓷质茶器，或喜爱古朴大方的陶土茶器。我们在实用的前提下，可以根据个人的习惯选配茶器。比如，习惯用玻璃茶器杯泡，则需准备煮水器、玻璃杯、水盂、茶叶罐、杯垫。如果习惯用陶器茶器壶泡分饮，则应备齐煮水器、陶壶（如紫砂壶）、公道杯、品茗杯、茶盘及各种辅助茶器等。另外，也要根据自己手的大小选择合手的茶器，以符合审美和泡茶习惯。

茶器的协调与搭配

茶器之间协调与搭配无特殊规矩。一般来说，非居家饮茶，如办公场所、茶艺馆或者作为礼品赠送的更多选择套装茶器，因为相同材质的成套茶器显得整齐、规矩。

喜欢喝茶的人大多不会一直使用一套茶器，而是经常到茶叶市场淘换茶器，碰到合意的茶器更爱不释手。建议喜欢玩赏特色茶器者选购一套 6 个品茗杯，招待长辈、贵宾或与朋友初次见面时，至少整齐有序，以示恭敬。而且成套购买的品茗杯以实用、造型经典、色素、价格适中为原则，万一失手打碎还可以重新组配，不会太心疼。

家人自用的，每人选不同款型的品茗杯，或同龄挚友以自选或固定特色品茗杯奉茶也无不妥。因为茶器主人对茶器品种有不同的喜好，因此选购的茶器并不成套也就不足为奇了，比如有人偏爱青瓷，多选仿汝窑茶器和龙泉窑茶器；有人喜欢青花茶器，则觉得青花类茶器更素雅宜人。选购茶器的色、款虽不成套，却见内在风格的统一和谐，用起来自然会感到协调舒服。

茶宠添趣

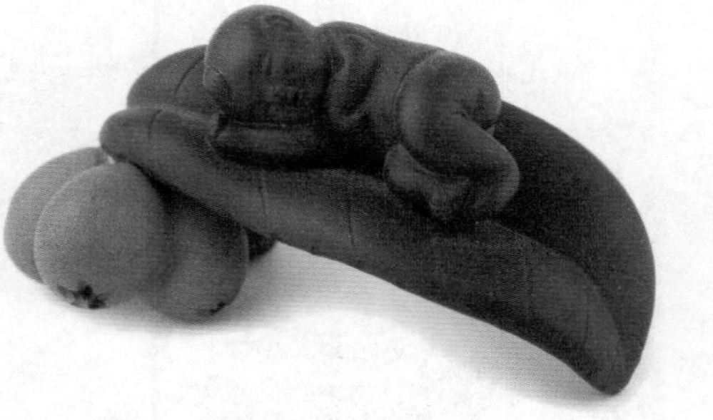

饮茶的趣味，除了好茶与好茶器之外，根据自己的喜好装点几枚小巧可人的茶宠也是增添品茗趣味的不错方式。在茶盘上摆放一个小巧可爱的茶宠，品茶时分与它一杯，让它与人共享品茶的乐趣，年长日久，就会滋养出茶色，那茶宠也就会变得温润可人，茶香四溢了。小小的茶宠为茶台增添了很多情趣，现在，想要找个没有一件茶宠的茶桌还不太容易呢。

近年来，茶桌上的茶宠品种越来越多，以传统吉祥寓意题材和生肖造型最为多见，像寓意招财进宝的“金蟾”、知足常乐的小脚丫，以及憨态可掬的各种生肖，都比较受宠。各种可以喷水的精细茶宠也是比较受茶人喜欢的，泡茶间歇用沸水浇淋茶宠，茶宠受热后放入冷水，因热胀冷缩，水从茶宠透气口被吸进茶宠里，取出茶宠，再用热水浇淋，茶宠就喷出高高细细的水柱，令人倍感欣喜有趣。

茶器的选购与保养

古往今来，大凡讲究品茗情趣的人，都注重品茶韵味，崇尚意境高雅，强调“壶添品茗情趣，茶增壶艺价值”，认为好茶好壶，犹似红花绿叶，相映生辉。对一个爱茶人来说，不仅要会选择好茶，还要会选购好茶器。

茶器材质的要求

在茶器的选购中，对于茶器的材质要求，首先要以无异味、环保、不伤害身体为基本原则。茶叶要经过沸水的冲泡后品饮，所选用的茶器一定要耐高温，高温淋烫后无异味，没有有害物质产生。玉石茶器和金银茶器的价值较高，为避免被人以假乱真、以次充好，还是应该请专业人士陪同购买为好。其他常见材质的茶器应根据要求选购。

紫砂茶器

紫砂茶器是泥与火交融的艺术品。挑选紫砂茶器要点：一是造型、图案、色泽要脱俗和谐，气质要好；二是敲打声音不沉闷，不尖锐，比较悦耳；三是壶放在桌上要平稳，壶盖壶口结合紧密不溢水，壶把提用方便，壶嘴出水流畅，壶内壁光滑，体积容积比例恰当；四是看壶出水时有无“挂珠”，即壶倒水时，突然将其持平，壶嘴下沿不挂水珠者为好壶。

瓷器茶器

众所周知，瓷器茶器是烧制而成，其中含有很多的矿物质，有对人体有益的，也有无益的，甚至有害的。所以，选择瓷器茶器时，一定要选择茶器所含铅、汞等金属元素不超过国家标准的。此外，购买瓷器茶器时，对瓷器本身要仔细观察：器形是否周正，有无变形；釉色是否光洁，色度一致，有无砂钉、气泡眼、脱釉等。如果青花或彩绘则看其颜色是否不艳不晦，不浅不深，有光泽（浅则过火，深则火候不够；艳则颜色过厚，晦则颜色过薄）。最后要提起轻轻弹叩，再好的瓷器有裂纹便会大打折扣。

漆器茶器

漆器茶器应该是用中国大漆这种无毒无害的天然材料制作而成，但是作为原材料的大漆价格逐年上涨，有些作坊无力承担传统工艺生产漆器所需的高昂成本，往往以次充好、偷工减料，少数不良的业主甚至使用化学漆代替传统大漆，进一步扰乱了市场上漆器茶器的销售。所以，如果想选购漆器茶器，最好选择正规的大品牌。

竹木茶器

选购竹木茶器，重点看三个方面：其一，用手仔细抚摸物品表面和背面，看是否有刺头或尖锐的地方，如果发现有，则说明品质不佳，茶器需要及时修整。其二，仔细观察茶器内外，看质地是否细腻光滑、平整。其三要看有没有存储不当而发霉。不管是竹子还是木头，如果长时间受潮，是很有可能发霉的，一定要细心鉴别。如果是储茶用具，还要检查密封性是否良好。

玻璃茶器

一般的正品玻璃茶器，玻璃厚度均匀，阳光照射下非常通透，而且敲击之下声音很脆，大都经过抗热处理。抗热性差的玻璃器皿用来泡茶或煮茶，容易炸裂，具有危险性。

茶器的选购与使用

茶器的优劣，对茶汤的质量和品饮者的心情，都会产生直接影响。大家不仅在购买时需要精挑细选，在平时使用时也要多加爱惜和养护。下面介绍常用茶器的选购技巧与使用方法。

|视频同步学茶艺|

紫砂壶的选购与使用方法

紫砂壶是集万千宠爱于一身的实用器和艺术品，深得人们的青睐，面对造型万千的紫砂壶如何来选购呢？一般而言，可以从“泥料、造型、装饰、工艺、功能”五个要素来选购。

泥料

泥料是成就紫砂壶的根本，分为紫泥、朱泥、绿泥三种。三种泥料皆可单独成陶，又能互相掺合配制成不同色调。因为矿区、矿层的不同和加工过程的差异，以及窑烧时温度等各种因素，其发色变幻莫测，变化微妙。紫砂泥含铁量高，具有双重气孔结构，吸水率大于2%。因而具有“泡茶不走味，贮茶不变色，盛暑不易馊，久泡自发香”等特点。

选择标准：紫砂壶以“观之质朴而不艳，抚之细润而不腻”为上品。

造形

紫砂壶“方不一式，圆不一相”，其造型可因创作者的构思而千变万化。奥玄宝《茗壶图录》描述紫砂壶：“温润如君子，豪迈如丈夫，风流如词客，丽娴如佳人，葆光如隐士，潇洒如少年，短小如侏儒，朴讷如仁人，飘逸如仙子，廉洁如高士。”足见其阿娜多姿，韵味无穷。

选择标准：紫砂壶之“造型”，美在“阿娜多姿而不失淡泊脱俗”。

装饰

镌刻在壶身上的诗词书画及印款。紫砂壶融中国传统艺术“诗、书、画、印”为一体，是充分展示中国传统文化的瑰宝。

紫砂壶之“装饰”，添韵味，增情趣。如清代“曼生壶”以简练明要、不粘不脱的语言，言茶论器，写意寄情，清淡脱俗，天趣盎然，开创“壶随字贵，字依壶传”的艺术新境界。

选择标准：意境高雅，富有情趣。

工艺

即做工，讲究均衡、密封、美观。壶的嘴（出水口）、壶把、钮必须成一直线，即三点要对直（少数特殊造型除外）；其次，各部分组合比例匀称，给人以落落大方的空间感；再者，壶嘴与壶身、壶把与壶身的连接部位处理得很自然，没有任何破绽，宛如一体成型。

功能

即功能美。紫砂壶主要是用来泡茶的，因此要求拿来顺手，方便泡茶。紫砂壶的“艺”全在“用”中“品”。

购买新壶时，可在壶中装入约壶容量3/4的水。用手平平提起茶壶、缓缓倒水，如果感觉很顺手，即表示该壶重心适中、稳定，是一把好壶，除了重心要稳之外，左右也需匀称。出水时水束要急流直下、刚直有劲，又长又圆，而且务必顺畅。手握壶把时，握感轻盈、不费力。最后倾尽壶水时，若能使壶中滴水不剩，必定是一把好壶。还应检测壶盖与壶身吻合的紧密度，壶口要求又平又圆，因为壶盖、壶身吻合紧密度越高，越不会使茶香流失，可在茶壶中装水约1/2—3/4，用食指紧压盖上气孔，倾倒壶水看看，若滴水不流即表示两者紧密度极高；另外，用食指紧压茶壶壶嘴、颠倒壶身，若紧密度高，则壶盖不会掉落。

盖碗的选购和使用方法

选购盖碗，主要注意以下几点：

（1）选择容量适当、大小合适的盖碗。

（2）选择盖碗沿外翻的器形，不易烫手。

（3）选择盖纽是凹进去的，这样使用时不易烫到压在盖纽上的手指。

选择盖碗泡茶时，不要过于频繁地掀盖闻香，闻香时注意杯盖靠近鼻子即可，不要将杯盖碰到鼻子，以免令人有不洁之感。

公道杯的选购和使用方法

公道杯使用大约开始于20世纪70年代。公道杯的使用避免了因谈话或其他原因，茶叶长时间在壶中闷泡，茶中可溶物质过度浸出以致茶汤太苦太浓，使比较耐泡的茶类实现多次冲泡而茶汤滋味大致均匀。

公道杯的容积一般要大于配套使用的壶具或盖碗的容积。公道杯在使用中应注意，杯壁较厚的应事先温烫后使用，或者在夏天使用，因其冷杯时散热较快，茶汤易凉。公道杯还可以在冲泡绿茶时充当凉水器，所以泡绿茶时可以准备两个公道杯。

茶盘（壶承）的选购和使用方法

竹木茶盘经济实惠，但容易变形、开裂，难以长久使用。陶瓷材质茶盘，经久耐用，不会变形、开裂，但又易碎。玉石材质具有放射性，在选购时应注意其是否有检测报告，确定安全方可使用。因材质不同，有些玉石茶盘也会出现开裂现象。此外，除竹木茶盘外，其他材质较容易磕碰茶器。选购前应明确自己的喜好和所需，再有针对性地挑选。

茶盘用于放置泡茶器具，盛装泡茶洒、溢出的茶汤和温烫、清洗壶具杯具的废水。如果使用的是双层茶盘，因贮废水量有限，使用时应注意及时清理，防止溢出。无论使用何种茶盘，泡茶完毕后的清洁功课都是必做的。

紫砂茶器的保养常识

紫砂茶器泥料比较特殊，内外基本不施釉，在长期使用后容易在茶器的内壁积累茶垢，另外茶器外壁的茶渍如果不及时清理也会使茶器的外表颜色不匀整，因此紫砂茶器需要经常养护。

说到紫砂茶器的保养，不得不提紫砂养壶。紫砂养壶的具体方法如下：

|视频同步学茶艺|

1 泡茶之前先冲淋热水。泡茶之前，宜先用热水淋茶壶内外，可兼具清洁、消毒和暖壶三种功效。

2 趁热擦拭壶身。泡茶时，因水温很高，壶本身的气孔会略微扩张，水汽会凝结在茶壶表面。此时，可用一条干净的细棉巾把壶身擦遍，即可利用热水的温度，使壶身变得更加亮润。

3 泡茶时勿将茶壶浸在水中。有些人在泡茶时，习惯在茶船内倒入沸水，以达到保温的功效。但这样对壶是无益的，会使壶身留下不均匀的色泽。

4 泡完茶后，倒掉茶渣。泡完茶后要及时把茶渣倒出，并用热水冲洗掉壶身的茶汤，以保持壶里壶外清洁。

5 壶内勿浸置茶汤。泡完茶后，务必把茶渣和茶汤都倒掉，用热水冲淋壶里壶外，然后倒掉水，并保持壶里干爽。

6 阴干时应打开壶盖。冲淋干净的壶应放在通风易干处，等到完全阴干再妥善收存。

7 存放茶壶时，要避免放在油烟、灰尘过多的地方，以免影响壶面的润泽感。

8 避免用化学洗洁剂清洗。绝对不能用洗碗精或化学洗洁剂洗刷紫砂壶，这样不仅会洗掉壶内已吸收的茶味，甚至会刷掉茶壶外表的光泽。

第五章

择好水

煮水品茶，品茶论水，
茶与水始终相生相伴；
扫雪煎茶，汲泉煮茗，
轻灵鲜活的水拓展了一片茶叶质朴的生命。
茶的清香，茶的甘醇，茶的晶莹，
通过水都得以实现；
水也因为茶，
而知趣和平，而思雅智远。

好茶
还需配好水

|视频同步学茶艺|

“水为茶之母”，好茶须有好水冲泡，方能充分发挥茶的色、香、味。明末清初张大复甚至把水品放在茶品之上，认为“八分之茶，遇十分之水，茶亦十分矣”。可见水对茶的重要性。

水的分类

古代的文人雅士大多礼赞水、崇尚水，若提到茶事，总会先论水，他们将宜茶之水分为天水和地水两大类，现代人在此基础上增加了一个分类——再加工水。

天水

天水包括雨、雪、霜、露、雹等。无环境污染的条件下雨水和雪水是比较纯净的，自古就被用来煮茶。特别是雪水，洁净清灵，泡的茶汤色鲜亮，香味俱佳，特别受到文人和茶人的喜爱。像“融雪煎香茗”“夜扫寒英煮绿尘”“扫将新雪及时烹”等，都是歌咏用雪水烹茶的。空气洁净时下的雨水，也可以用来泡茶，秋季雨水尘埃较少、口感清冽，最适宜泡茶，梅雨季节的雨水次之，而夏雨水质较差，不适合泡茶。霜露也是泡茶的好水，而冰雹水味咸、性冷，不宜饮用。

地水

自然界的山泉、江、河、湖、井水等统称为“地水”。植被繁茂的山上，从山岩断层细流汇集而成的山泉是上佳的沏茶用水。但并非所有山泉水都是上等的，像硫黄矿泉水甚至不能饮用。江河湖水均为地面水，含杂质较多，一般不是理想的泡茶用水。但植被繁茂、污染物较少之地的江河湖水，仍不失为沏茶好水。井水属地下水，是否适宜泡茶不可一概而论。一般浅层水和城市里的井水易受污染，所以深井比浅井好，农村井水比城市井水好。

再加工水

再加工水即对自然水进行人工处理后获得的水体，包括自来水、纯净水、矿泉水、蒸馏水等。现如今因为环境问题，人们很少能轻易取到干净的天水和地水，从而开始转向使用再加工水泡茶。因为所含物质的差别，不同的再加工水泡出的茶口感也有差异。

古人论水

中国古代的茶典中，有很多关于泡茶用水的论著，这些茶典中不仅有水质好坏和茶的关系的论述，还有对泡茶用水的要求，和对水品做分类的著作。

古人的择水标准

古人对泡茶用水十分讲究，最经典的论及茶与水质关系的是茶圣陆羽。宋徽宗赵佶在其茶著《大观茶论》中也有提到：“水以清、轻、甘、冽为美。轻甘乃水之自然，独为难得。”他从正面提出了适宜泡茶的水的标准“清、轻、甘、冽”，并最先把“美”与“自然”的理念引入到鉴水之中，升华了品茗鉴水的文化内涵。明代茶人将前人的择水标准总结为“清、轻、活、甘、冽”。

|视频同步学茶艺|

清

水质要清洁。清水应无色透明，无杂质，无沉淀物，用这样的水泡茶才能显出茶的本色。明代的田艺衡论水的“清”，说“朗也，静也”，将“清明不淆”的水称作“灵水”。

轻

水体要轻。轻水也就是软水，其矿物质含量适中，能泡出茶的鲜爽滋味。硬水中溶解的矿物质过多（尤其是铁、铝、钙含量过多），会导致茶汤偏暗、香气不显、口感或寡淡或苦涩。

活

水中空气含量要高。活水有利于茶香挥发。死水泡茶，即使再好的茶叶也会失去茶滋味，而且死水容易滋生细菌。泡茶的水不可煮老，因为煮久了也会使水的空气含量降低。

甘

水味要甘。“水泉不甘，能损茶味。”所谓水甘，即一入口，舌尖顷刻便会有甜滋滋的感觉，咽下去后喉中也有甜爽的回味。用这样的水泡茶自然会增添茶之美味。

冽

水含在嘴里要有清凉的感觉。寒冽之水多出于地层深处的泉脉之中，所受污染少，泡出的茶汤滋味纯正。古人还认为水“不寒则烦躁，而味必啬”，“啬”就是涩的意思。

古人对水品的分类

古代文人墨客靠烹茶体验、经验累积排出了煮茶之水的座次。陆羽在《茶经》中将煮茶的水分为三等：山泉水为上，江水为中，井水为下。其中泉水又分了三六九等，陆羽提到过的天下第一泉共有七处，分别是济南的趵突泉、镇江的中泠泉、北京的玉泉、庐山的谷帘泉、峨眉山的玉液泉、安宁的碧玉泉、衡山的水帘洞泉。明代张源在《茶录》中也对不同源头的泉水特质做了断定：“山顶泉清而轻，山下泉清而重，石中泉清而甘，砂中泉清而冽，土中泉清而白。”

对于江水和井水的选择，陆羽也有界定，“其江水，取去人远者；井，取汲多者。”煮茶如果用江河的水，到离人远的地方去取，井水则要从有很多人汲水的井中汲取。远离人烟的江水不易被污染，而“汲多者”的井水水活，这也是古人“水要洁净和鲜活”的择水标准的体现。

现代沏茶对水的要求

历代古人对宜茶用水的标准虽均属经验之谈和感官体验，但却准确、全面地把握了茶道对水质的要求，这些标准即使以现代科学眼光来看也是可取的。

但是，古人判别水质的优劣，因受限于历史条件，无论以水源来判别、以味觉习别，还是以水的轻重来判别，均存在不少的局限性和片面性。现在科学技术越来越发达，人们的生活层次也在不断提高，现代人在选择泡茶用水时，对水质的要求也提出了新的指标。

感官指标

水的色度不能超过 15 度，而且不能有其他异色；浑浊度不能超过 5 度，水中不能有肉眼可见的杂物，不能有臭味、异味。

化学指标

微量元素的要求为：铁不能超过 0.3 毫克 / 升，锰不能超过 0.1 毫克 / 升，铜不能超过 1.0 毫克 / 升，锌不能超过 1.0 毫克 / 升，氧化钙不能超过 250 毫克 / 升，挥发酚类不能超过 0.002 毫克 / 升，阴离子合成洗涤剂不能超过 0.3 毫克 / 升。

毒理学指标

水中的氟化物不能超过 1.0 毫克 / 升，适宜浓度为 0.5 ~ 1.0 毫克 / 升，氰化物不能超过 0.05 毫克 / 升，砷不能超过 0.04 毫克 / 升，镉不能超过 0.01 毫克 / 升，铬不能超过 0.5 毫克 / 升，铅不能超过 0.1 毫克 / 升。

细菌指标

每 1 毫升水中的细菌含量不能超过 100 个，每 1 升水中的大肠菌群不能超过 3 个。

以上四个指标主要从饮用水基本的安全和卫生方面考虑。除此之外，现代常用鉴水指标还包括：悬浮物、溶解固形物、硬度、碱度、pH 值。泡茶用水应以悬浮物含量低、不含有肉眼所能见到的悬浮微粒、总硬度不超过25度、pH 值小于5，以及非盐碱地区的地表水为好。

视频同步学茶艺

水的软、硬度对茶的影响

水按其中含有钙、镁矿物质的多少可分为软水与硬水两种。软水是指不含或含很少可溶性钙、镁化合物的水，像雨水和雪水就是天然软水。硬水是指含有较多钙、镁化合物的水。

硬水有暂时硬水和永久硬水之分。暂时硬水可以通过煮沸使水中所含碳酸氢钙和碳酸氢镁沉淀析出（水垢），水的硬度就可以降低，从而使硬度较高的水得到软化。这样经过煮沸后的水也就转化成了软水，可以用来泡茶。而永久硬水经过煮沸也不会变为软水。这种水的硬度主要以含有钙、镁的硫酸盐或氯化物的形式存在，这些物质不能通过煮沸消除，所以也不可能转化成软水。饮用硬水不会对健康造成直接危害，但长期饮用容易造成肝胆或肾结石。

水的软硬会影响茶叶有效成分的溶解度。软水泡茶，茶中有效成分的溶解度高，故茶味浓。硬水中含有较多量的钙、镁等离子，会与茶叶中的多酚类物质结合生成不可溶性物质，不仅抑制多酚类物质在水中的溶解度，使茶的滋味大打折扣，也会使茶色变得暗淡无光。

水的硬度还影响水的 pH 值，而 pH 值又影响茶汤色泽及滋味。水的硬度高，则水的 pH 值也高。当 pH 值大于 5 时，汤色加深；pH 值达到 7 时，对茶叶品质起决定性作用的茶黄素就容易自动氧化而损失，茶红素颜色加深，则茶汤的颜色深暗且浑浊，滋味苦涩。

由此可见，用硬水泡茶会改变茶的色香味而降低其饮用价值，泡茶用水以选择软水或暂时硬水为宜。

改善水质量的方法

目前，我们日常生活普遍使用的是自来水。自来水是符合国家饮用水标准的硬水，但这并不代表它是无污染的。下面介绍几种帮助改善自来水质量的净水设备。

前置过滤器

安装在自来水管路的最前端（水表后面），过滤自来水中的泥沙、铁锈、大颗粒物质。这种过滤器使用寿命长，污垢清理简单，但只是粗过滤。

水龙头过滤器

安装在水龙头附近，可以去除水中泥沙、铁锈、重金属、异味、细菌及各种有害物质，有的还能调节水质酸碱平衡。缺点是过滤水处理量较小，使用寿命较短，滤芯容易堵塞。

超滤机

可以有效滤除水中的泥沙、铁锈、细菌、胶体、大分子有机物等有害物质，保留对人体有益的矿物质和微量元素。因为无法滤掉钙镁离子，所以适宜在水质较软的南方使用。

反渗透净水机（RO 机）

不仅可以过滤掉超滤机能过滤的物质，还可以去除钙镁离子和重金属，保证烧开的水没有水垢。缺点就是耗材，价格相对较高。

适合泡茶的水

现代人在选择天然水泡茶时，有条件的可以通过测定水的物理性质和化学成分，科学地鉴定水质。如没有条件进行检测，使用适合泡茶的再加工水不失为保险的选择。

|视频同步学茶艺|

天然水

包括我们前面所说的天水和地水。没有被污染的天然水都是可以用来泡茶的。一般说来，天然水中泉水是泡茶的上佳选择。泉水水质较好，其汩汩溢冒、涓涓流淌的风姿，也为品茶平添几分幽韵和美感。但并不是所有泉水都是优质的。由于水源和流经途径不同，所以其溶解物与硬度等均有很大差异，有些泉水中的有毒有害金属或其他矿物质甚至可能已经超标。在没有泉水的情况下，可以选用井水。只要周围环境清洁卫生，用深而活的井水来泡茶也是不错的。由于都市中环境污染的缘故，雨水和雪水都不宜用来冲泡茶叶。

自来水

自来水是将天然水通过处理净化、消毒后生产出的符合国家饮用水标准的水，水中含有氯气，可将其储存在洁净的容器里，静置一昼夜，待氯气自然挥发，再煮开泡茶时效果大不一样。

净化水

通过过滤装置，去除水中的铁锈、泥沙、余氯等杂质，达到国家饮用水卫生标准。净化水易取得，是经济实惠的优质饮用水，用净化水泡茶，其茶汤品质是相当不错的。

纯净水

纯净水的水质清纯，没有任何有机污染物、无机盐、添加剂和各类杂质。用这种水泡茶，茶汤晶莹透澈，而且香气滋味纯正，无异味，鲜醇爽口。

矿泉水

含有一定量的矿物质、微量元素或二氧化碳气体。由于产地不同，其所含微量元素和矿物质成分也不同。有的含有较多的钙、镁、钠等金属离子，是永久性硬水，不适合泡茶。泡茶要选择适合茶性发挥的软水类矿泉水。

水温
与茶的关系

|视频同步学茶艺|

想泡好一杯茶，不单要会择水，还要了解水温与茶的关系，因为泡茶的水温也会影响茶的品质。而学会判断水温能帮助我们在泡茶时选择温度适宜的水冲泡。

水温的掌握

古人对泡茶的水温十分讲究。陆羽在《茶经》中说道："其沸，如鱼目，微有声，为一沸；缘边如涌泉连珠，为二沸；腾波鼓浪，为三沸。以上水老不可食也。"经过"三沸"的水继续煮，水就"老"了，不可食用。明代许次纾《茶疏》中说得更为具体："水一入铫，便需急煮，候有松声，即去盖，以消息其老嫩。之后，水有微涛，是为当时；大涛鼎沸，旋至无声，是为过时；过则汤老而香散，决不堪用。"

古人将沸腾过久的水称为"水老"，此时，溶于水中的氧气和二氧化碳挥发殆尽，泡茶鲜爽便大为逊色。未沸滚的水，古人称为"水嫩"，也不适宜泡茶，因水温低，茶中有效成分不易浸出，使香味低淡，滋味淡薄，而且茶浮水面，不便饮用。古人的讲究对于现代人泡茶仍有借鉴意义。至于具体选用何种泡茶水温，则与茶叶的种类有关。

冲泡绿茶一般以 80℃左右的水为宜。特别是茶叶细嫩的名优绿茶，用 75℃左右的水冲泡即可。茶叶越嫩冲泡水温越要低，这样泡出的茶汤色清澈不浑，香气纯正而不钝，滋味鲜爽而不熟，叶底明亮而不暗，使人饮之可口，视之动情。如果水温过高，汤色就会变黄；维生素遭到大量破坏，降低营养价值；咖啡碱、茶多酚很快浸出，又使茶汤产生苦涩味，这就是茶人常说的把茶"烫熟"了。

各种花茶、红茶和低档绿茶，由于茶叶原料老嫩适中，所以要用 90℃左右的水冲泡，就是把沸腾的水稍微搁置一会儿再来冲泡。

乌龙茶、普洱茶和沱茶，由于茶叶较粗老，茶叶用量较多，必须用 95℃以上的水冲泡。有时为了保持水温，要在冲泡前用滚开水烫热茶具；冲泡后用滚开水淋壶加温，目的是增加温度，使茶香充分发挥出来。

少数民族饮用的砖茶，要求水温更高，需将砖茶敲碎，用 100℃的沸水冲泡，还得放在锅中煎煮才能饮用。

学会判断水温

现在煮水要判断是不是沸水很简单，但要掌握具体的水温就不容易了。在泡茶时，我们需要根据茶叶的不同选择适宜的水温。

有一种最直接的方法，就是用烹调用的笔式温度计测量水温。虽然这种方法准确快捷，但失了那份淡定从容，在给客人泡茶时拿着温度计测水温也不太合适。

在无法借助温度计的情况下，掐表看时间也不失为一种好方法。如果需要比沸水稍低一些的水温，可以在水烧开后，将水壶放在一边，无须将壶盖敞开，等待 1 ~ 2 分钟温度就差不多降到 90℃了。如果需要更低的温度，可以先将烧开的水倒进玻璃茶海，在室温下凉 1 ~ 2 分钟，这时候水温就在 80℃左右了。

除了前面两种方法外，还可以“以身试法”，通过感官来判断水温。可以用手轻触或靠近煮水壶的外表，凭手的感觉来判断水温。这是个极需要经验的方法，需要日积月累才能练就。比如需要 85℃的水，可以先用温度计测试达到了 85℃之后，用自己的手指贴在水壶外壁，记住能停留多少秒，以此将手感与水温对应。也可以在水烧开过后一小会儿，打开水壶的盖子，看看冒出来的水汽，水汽的强弱以及态势能体现水温的情况。一开始观察时可以借助温度计来辨别温度与水汽的对应情况，久而久之就可以自己总结出一套规律来，日后不需要使用温度计，自己的经验就可以作为判断的依据。

历代名泉鉴赏

中国古代嗜茶者讲究用山泉水泡茶。中国的泉水（即山水）资源极为丰富，比较有名的就有百余处之多，其中被封为“天下第一泉”“天下第二泉”的名泉就有七八处。

庐山谷帘泉——茶圣口中第一泉

谷帘泉位于庐山康王谷，康王谷又名庐山垅，位于庐山南山中部偏西，是一条长达7千米的狭长谷地，垅中涧流清澈见底，酷似陶渊明著的《桃花源记》中“武陵人”缘溪行的清溪，溪涧的源头就是谷帘泉。谷帘泉来自大汉阳峰，似从天而降，纷纷数十百缕，恰似一幅玉帘悬在山中。谷帘泉水色清碧，其味甘美，经陆羽品定为“天下第一泉”后名扬四海。历代文人墨客接踵而至，纷纷品水题字。如宋代名士王安石、朱熹、秦少游等都在游览品尝过谷帘泉水后留下了美词佳句。庐山还有一大名产，即驰名海内外的庐山云雾茶，“云雾茶，谷帘泉”也被茶界称为珠璧之美。

镇江中泠泉——扬子江心第一泉

“扬子江心第一泉，南金来此铸文渊，男儿斩却楼兰首，闲品《茶经》拜羽仙。”这是民族英雄文天祥品尝了用镇江中泠泉泉水煎泡的茶之后所写下的诗篇。中泠泉，位于江苏镇江，是产自大江中心处的一股清冷的泉水。早在唐代此泉就已天下闻名，刘伯刍把它推举为全国宜于煎茶的七大水品之首。中泠泉水源纯净，泉水甘甜清冽，表面张力大，水面可高出杯口1～2毫米而不外溢，极适合煎茶。如今，因江滩扩大，中泠泉已与陆地相连，仅是一个景观罢了。

北京玉泉山玉泉——乾隆御赐第一泉

玉泉位于北京颐和园以西的玉泉山南麓，水从山脚流出，“水清而碧，晶莹似玉”，故称玉泉。玉泉四季势如鼎沸，涌水量稳定，从不干涸，曾是金中都、元大都和明、清北京河湖系统的主要水源。玉泉水洁如玉，含盐量低，水温适中，水味甘美，明代永乐皇帝迁都北京以后就把玉泉定为宫廷饮用水源。

乾隆皇帝对品茶鉴水情有独钟，曾命人分别从全国各地汲取名泉水样和玉泉水进行比较，并用一银质小斗称水检测。结果，北京玉泉水比国内其他名泉的水都轻，证明泉水所含杂质最少，水质最优，遂将玉泉定为“天下第一泉”。20世纪80年代用先进检测方法对玉泉水进行分析鉴定，其结果也表明玉泉水确实是一种极为理想的饮用水源。

济南趵突泉——大明湖畔第一泉

济南是著名的泉城，金代有人立“名泉碑”，列济南名泉72处，趵突泉为济南七十二泉之首。清代沈复在《浮生六记》中说到，趵突泉“泉分三眼，从地底忽涌突起，势如腾沸，凡泉皆从上而下，此独从下而上，亦一奇也”。趵突泉泉水汇集在一长方形的泉池之中，泉池东西长约30米，南北宽为20米，四周砌石块，围以手栏杆。池中有3个大型泉眼，昼夜涌水不息，其涌水量每昼夜曾达95～138万吨，约占济南市总泉水量的1/3。

趵突泉得名“天下第一泉”相传是乾隆皇帝游趵突泉时赐封的。当时，乾隆皇帝巡游江南，途经济南时，他品尝了趵突泉的水，觉得水味比玉泉之水还要清冽甘美。临行前，乾隆为趵突泉题了“激湍”两个大字，还写了一篇《游趵突泉记》，文中写道：“泉水怒起跌突，三柱鼎立，并势争高，不肯相下。”

无锡惠山泉——天下第二泉

惠山泉位于今江苏无锡锡惠公园内。唐代陆羽尝遍天下名泉，并为二十处水质最佳名泉按等级排序，惠山泉被列为天下第二泉。随后，刘伯刍、张又新等唐代著名茶人又均推惠山泉为天下第二泉，所以后人也称它为“二泉”。

惠山泉水为通过岩层裂隙过滤后流淌的地下水，含杂质极少，味甘而质轻，煎茶为上。惠山泉名扬天下，四方茶客们不远千里前来汲取二泉水，达官贵人更是闻名而至。唐武宗时，宰相李德裕嗜饮二泉水，便责令地方官派人把泉水送到三千里之遥的长安，供他煎煮；宋代苏东坡也曾“独携天上小团月，来试人间第二泉”；清乾隆皇帝到惠山取泉水啜香茗，并用特制小型量斗，量得惠山泉水仅比北京玉泉水稍重；著名盲艺人华彦钧（人称瞎子阿炳）以惠山泉为素材所作的二胡演奏曲《二泉映月》至今仍是中国民间音乐的代表曲目之一。

第六章

习精艺

泡一壶好茶是一门技术，
更是一门学问，
既有科学的道理，
又有人文的内涵。
投茶多少，水温高低，冲泡缓急，出汤快慢，
一样茶叶，百般滋味。
只有掌握精妙的技艺才得巧手泡出甘露液，
妙品茶中无穷韵。

事茶人员的基本要求

泡一壶好茶并不是件易事，需要事茶人员达到相应的素质和技术要求，方能“巧手泡出甘露液”，让宾客“妙品茶中无穷韵”。

素质要求——“知书达礼”

对事茶人员的素质要求可以概括为四个字：知书达理。

知书：掌握茶学专业基础知识

事茶人员应当掌握的茶学专业基础知识包括茶叶的选购与贮藏，茶叶的冲泡与鉴赏，科学饮茶的基本原则，茶文化的发展历史，民族茶俗茶礼，茶与文学艺术。

达礼：礼仪的基本规范

◎“典雅端庄”的仪容。和谐、含蓄和整洁的着装；淡雅的化妆；整齐的发型；干净的双手。

◎“如沐春风”的微笑。真诚、大方、自然的笑容。

◎“优美动人”的语言。用语文明、声调适量、语速适中、态度诚恳。

◎“规范恭敬”的礼节。鞠躬礼、伸掌礼、叩手礼、注目礼、寓意礼。

技术要求——“净静精敬”

净的标准与执行。茶“洁性不可污”，因此，“干净无污”是从事品茗冲泡与品饮的基本要求，具体在执行中做到保持茶、器、物、境的干净无污。

静的意义与执行。泡茶讲究心境宁静，品茶需要环境幽静。“万物静观皆自得”，茶道讲究静以养生，静中生慧。体现在环境布置的雅静与泡饮过程中的宁静。

精的含义与应用。茶性俭，为饮宜“精”。陆羽撰《茶经》首次完整系统地建立了以“精”为标准的茶道技术，千百年来，人们一直以此为标准，从种茶、采茶、制茶到藏运、煮、饮用等所有环节精益求精。

敬的理解与把握。对生命心怀恭敬，做茶、泡茶须一丝不苟。尊重礼敬他人，具体要求能熟悉中国传统礼仪文化，在不同环境中恰到好处地应用礼仪，表达对他人的尊敬，对生命的敬重，对自然的敬畏，对茶的珍惜。

茶叶冲泡的基本程序

|视频同步学茶艺|

茶叶冲泡过程大约有以下10个基本程序：备具、候汤、赏茗、洁具、置茶、洗茶、冲茶、斟茶、奉茶、品茶。不同地区、不同茶类又有自己的特点，在此基础上有所增减和演变，但基本程序是一样的。

备具

茶具对于泡好茶是非常重要的。一套好的茶具，可以真实地反映茶叶的色香味，方便品味。品茶的同时，欣赏精美的茶具也有助茶兴。不同茶类对茶具的要求是不同的。乌龙茶冲泡适用紫砂茶具，高档绿茶适用玻璃茶具，花茶适用盖碗茶具。不同地区和不同的泡法，同一茶类茶具也有不同，如乌龙茶冲泡，潮汕地区习惯以盖碗代壶，台湾地区习惯用闻香杯闻香。

壶的大小和杯的数量选配与饮茶人数有关，除了壶、杯、碗、盏等主要茶具外，还需准备茶盘或茶船、烧水炉具或电煮水器、茶叶罐、茶叶、赏茶荷、茶道组合（包括茶漏、茶则、茶匙、茶针、茶夹）、壶垫、公道杯（茶海）、茶巾、水盂、奉茶盘、茶托等。茶具的颜色应配套和谐，各件茶具按规定摆好位置。

候汤

候汤即烧水，包括取水、点火、煮水。按照前面说的水的选择标准，取用宜茶用水（山泉水、纯净水等），为节约时间，先用电炉将水烧到 8 ~ 9 成开，再倒入烧水壶或电煮水器，采用仿古风炉烧水更有情趣。注意水开的程度，不能过老或过嫩，以二沸为宜。

洁具

洁具是指用开水烫淋茶壶和茶杯。一则可以清洁茶具，二则可以提高壶温，有利泡茶，特别对于乌龙茶的冲泡尤为重要。

台式乌龙茶洁具：先将烧水壶里的水倒入茶壶至溢满，并淋洗壶盖、壶身。为了节约开水，可将烫壶的开水倒入茶海，再从茶海倒入各个闻香杯，然后用茶夹依次夹住闻香杯将水倒入品茗杯，最后用茶夹夹住品茗杯，将品茗杯里的水倒入茶盘。

闽式乌龙茶洁具：小壶，圆形茶盘，只有品茗杯，没有闻香杯、茶海。洁具时，先将烧水壶里的水倒入茶壶至溢满，并淋洗壶盖、壶身，再将茶壶里的水直接倒入各个品茗杯。洗杯时，不是用茶夹，而是用手将一个杯放在另一个杯里转动洗杯，称之“白鹤沐浴”。

潮汕乌龙茶洁具：跟闽式乌龙茶洁具差不多，不同的是用盖碗代替了小壶。

赏茗

用茶则或茶匙将茶叶从茶叶罐拨入赏茶荷，正确估计用茶量，一次拨够。双手持盛茶的赏茶荷，伸向客人，请客人赏茗。先观其色，白色的瓷质赏茶荷最能衬托出茶叶的翠绿和形状；再赏其形，针状的君山银针，扁形的龙井茶，卷曲的碧螺春等，形状各异，千姿百态；后闻其香，如绿茶的清香、红茶的醇香、乌龙茶的花香、黑茶的陈香等，各有千秋。

置茶

置茶，也叫投茶。置茶时，注意投茶量，一般为壶的 1/3 至 1/2。根据客人的爱好和茶类的不同有所调整。有的壶没有过滤小孔，为防止壶嘴被碎茶叶堵塞，置茶时，有意将粗一点的茶置于壶流处，碎茶放在中间。

润茶

润茶，又称温润泡。以乌龙茶为例，右手执电水壶，将 100℃的沸水“高冲”入壶，盖上壶盖，淋去浮沫，15 秒钟内立即将茶汤倒入水盂，注意倒净为好。茶叶经温润后，芽叶舒展，茶香容易挥发，为正式冲泡打下基础。润茶的茶水可倒入水盂，也可倒入茶海为下一步淋壶之用。茶水淋壶，可以养壶，比开水好得多。条索较松或叶片面较宽阔的绿茶多用下投法或中投法，投茶后用开过的水浸没茶叶，用水量约为茶杯的 1/5，同时用手握杯，轻轻摇动，时间一般控制在 15 秒钟左右。

冲茶

冲茶是执水壶将开水冲入茶壶或茶杯，正式冲泡茶叶。

壶泡乌龙茶一般以“高冲”手法冲茶，称“悬壶高冲”。使茶叶在壶或杯中尽量上下翻腾，茶汤均匀一致，激荡茶香。壶泡法在水至壶口时断流停冲，可见一层泡沫集聚在壶口，用壶盖刮沫盖壶，称“春风拂面”，再用开水或上一次洗茶水淋壶，称“重洗仙颜”。第一泡时间为 1 分钟左右。

杯泡一般以“凤凰三点头”手法冲茶，冲泡时由低向高将水壶上下连拉三次，最后能够使杯中水量恰到好处（七分满）时断流停冲。这种冲法可使品茶者欣赏到茶叶在杯中上下翻滚的美姿，茶汤均匀一致，同时表示一种寓意礼，主人向客人三鞠躬。至于水注落点是杯壁还是茶条上，要根据具体情况来定。

斟茶

斟茶，又称分茶，是将泡好的茶汤分到每个品茗杯中。杯泡没有这一步。

台式壶泡法：采用“低斟”手法将茶汤注入茶海（公道杯），称“匀汤”。分到各闻香杯中，再将品茗杯倒扣在闻香杯上，称“扣杯”；然后“翻杯”使茶汤进入品茗杯，闻香杯倒置于品茗杯中；最后将泡好的茶置于茶托，放在茶盘中。

闽式壶泡法：由于闽南地区泡茶用量多，使每壶茶汤的浓度前后难以达到一致。如何不用公道杯又可分茶均匀呢？一般采用“关公巡城”和“韩信点兵”的手法。即先将茶杯相互靠拢，斟茶时提壶来回循环洒茶，以保证茶汤浓度均匀一致，称之“关公巡城”。留在茶壶里的最后几滴是茶汤最精华醇厚部分，要分配均匀，这时采用点斟的手法将壶上下抖动，分别一滴一抖，一滴一杯，一一滴入各个茶杯中，称“韩信点兵”。

奉茶

茶泡好后，主人需面带笑容，双手端起茶杯（乌龙茶带茶托）或盖碗，送至来宾面前，先行奉茶礼再奉茶，请客人品茶。客人也应先回礼再接茶。

|视频同步学茶艺|

品茶

品茶需要有耐心，一般先端杯闻香，嗅闻茶叶冲泡之后散发的馥郁香气；接着观色察形，观赏茶叶在杯中舒展的姿态、茶汤清澈悦目的色泽；最后啜汤赏味，在口中品味茶香与鲜爽，从苦到甜的变化过程，以及甘醇与回味的韵味。

泡茶四要素

泡茶时，应根据不同茶类的特点，调整水的温度、浸润时间、冲泡次数和茶叶的用量，从而使茶的香气、色泽、滋味得以充分发挥。

茶叶的用量

茶叶的用量因茶叶的种类、茶具大小、个人喜好习惯等而有所区别。一般而言，水多茶少，滋味淡薄；茶多水少，茶汤苦涩不爽。因此细嫩的茶叶用量要多；较粗的茶叶，用量可少些，即所谓“细茶粗吃”“精茶细吃”。

现代评茶师品茶有一个“适当浓度”的标准，1克茶叶搭配50毫升水（即茶为水的2%），以此比例冲泡5分钟，得到的茶汤浓度较为适宜。这一标准，适合于个人品茗时用盖碗或玻璃杯泡饮绿茶和花茶等。在实际操作中，若少于三人饮用，可取3克的茶，冲泡150毫升的开水，浸泡5～6分钟即可得到适当浓度的茶汤。若饮茶人数较多，可依人数取5～9克茶，按比例冲入开水。

上述茶叶用量只是一个一般性标准，品茗时，可依个人对茶汤浓度的喜好习惯酌情增减用量，但建议爱茶人尽量不要只喝太浓的茶汤或太淡的茶汤，以免错失其中一些细微的味道。

泡茶的水温

一般来说，泡茶水温与茶叶中有效物质在水中的溶解度和溶解速率成正比，水温越高，溶解度和溶解速率越高；反之，水温越低，溶解度和溶解速率越低。这个因素影响了茶汤浓度的控制，在相同的冲泡时间内，等量的茶、水比例，水温越高，茶汤的滋味越浓，达到所需浓度的时间也短；水温越低，则茶汤滋味越淡，所需时间也长，“冷水泡茶慢慢浓”，说的就是这个意思。

至于泡茶水温以多高为宜，则要根据茶的老嫩、松紧、大小等情况来确定。大致说来，茶叶原料粗老、紧实、整叶的，比茶叶原料细嫩、松散、碎叶的，茶汁浸出要慢得多，所以，冲泡水温要高。而到底选择何种泡茶水温，主要看泡饮什么茶。

有一点需要说明的是，无论用什么温度的水泡茶，都应将水烧开（水温达到100℃）之后，再以自然降温的方式冷却至所要求的温度。

冲泡时间

冲泡时间与茶叶种类、泡茶水温、用茶量和饮茶习惯有关系，不可一概而论。

如用茶杯泡饮普通红、绿茶，每杯放干茶3克左右，用沸水150 ~ 200毫升，冲泡时宜加杯盖，避免茶香散失，时间以2 ~ 3分钟为宜。

对于注重香气的乌龙茶、花茶，泡茶时，为了不使茶香散失，不但需要加盖，而且冲泡时间不宜长，通常1分钟即可。由于泡乌龙茶时用茶量较大，因此，第一泡40秒就可将茶汤倾入杯中，自第二泡开始，每次应比前一泡增加15秒左右，这样可使茶汤浓度不致相差太大。

另外，冲泡时间还与茶叶老嫩和茶的形态有关。一般说来，凡原料较细嫩、茶叶松散的，冲泡时间可相对缩短；相反，原料较粗老、茶叶紧实的，冲泡时间可相对延长。总之，冲泡时间的长短，最终还是以适合饮茶者的口味来确定为好。

冲泡次数

据测定，茶叶中各种有效成分的浸出率是不一样的，最容易浸出的是氨基酸和维生素C；其次是咖啡碱、茶多酚、可溶性糖等。一般细嫩茶叶冲泡第一次时，茶中的可溶性物质能浸出50% ~ 55%；冲泡第二次时，能浸出30%左右；冲泡第三次时，能浸出约10%。当然，可以通过浸泡时间来控制浸出量的多少，以此延长茶叶的冲泡次数。

如饮用颗粒细小、揉捻充分的红碎茶和绿碎茶，由于这类茶的内含成分很容易被沸水浸出，一般都是冲泡一次就将茶渣滤去，不再重泡。速溶茶，也是采用一次冲泡法，工夫红茶则可冲泡2 ~ 3次。而条形绿茶如眉茶以及花茶通常只能冲泡2 ~ 3次。品饮乌龙茶多用小型紫砂壶，在用茶量较多（约半壶）的情况下，可连续冲泡4 ~ 6次，甚至更多。

泡茶的基本方法

茶具种类繁多，不同茶具适合冲泡的茶叶种类和冲泡的基本方法不尽相同。以下介绍常见的玻璃杯、盖碗、紫砂壶和瓷壶器具泡茶的基本方法。

玻璃杯泡法

玻璃杯晶莹透明，用于泡茶可以充分观赏茶叶在水中变化的优美姿态以及茶汤的色泽变化。而且玻璃不会吸收茶叶的味道，可使茶汤的味道更香浓。高档名优绿茶，如西湖龙井、洞庭碧螺春等，因外形秀丽、色泽翠绿，一般用玻璃杯冲泡。此外，玻璃杯也可用于黄芽茶、白茶、花茶等的冲泡。

准备茶具

玻璃杯、茶盘、茶荷、茶匙、茶巾、煮水器

冲泡步骤

❶**温杯**。待水煮沸后，将热水倒入玻璃杯中，至1/3处。左手托杯底，右手握杯口，倾斜杯身，使水沿杯口转动一周，再将温杯的水倒掉。

❷**置茶**。用茶匙把茶荷中的茶叶轻轻拨入玻璃杯中，投茶量约为3克。

❸**浸润**。待水温降至80℃时倒入杯中，至杯子容量的1/4，接着右手握杯，左手中指抵住杯底，轻轻旋转杯身，让茶叶浸润10秒钟，促使茶芽舒展。

❹**冲茶**。利用手腕的力量，以“凤凰三点头”式手法冲水——冲泡时由低向高将水壶上下连拉三次，茶叶在杯中翻转，加水至七分满时断流停冲。

❺**奉茶**。将泡好的茶用双手端给宾客，伸出右手示意，请客人品饮。

盖碗泡法

盖碗杯盖可保香，杯泡可防烫，是当前比较普及的一种冲泡方式，既可单杯独饮，亦可以做主泡器冲泡后分汤品饮。用盖碗冲泡乌龙茶、花茶时尤能凸显香气，冲泡黑茶、白茶、红茶、黄茶亦十分利于酝出茶味。冲泡绿茶时，一般不加盖闷泡，以免闷黄茶叶。

准备茶具

盖碗、公道杯、过滤网、品茗杯、茶盘、茶夹、茶荷、茶匙、茶巾、煮水器

冲泡步骤

❶**温杯**。往盖碗中泡入开水，然后再将开水倒入公道杯，旋转烫洗后，将水倒入品茗杯中，用茶夹洗杯；如果品茗杯较大，也可直接用手拿杯旋转，再将洗杯的水倒入茶盘。

❷**置茶**。用茶匙把茶荷中的茶轻轻拨入盖碗中，投茶量应根据茶类及品饮者的喜好调整。

❸**润茶**。需要润洗的茶叶，如黑茶，往盖碗中冲水至八分满，盖上盖碗的盖子，将茶汤滤入公道杯中。拿盖碗时，大拇指和中指放在盖碗口沿，食指按在盖纽上，其他的手指尽量不要碰碗身和盖子。拿起后让茶水沿着拇指方向倒进公道杯中。只需浸润的茶叶，如细嫩绿茶，则只需向杯中泡入1/3的水，轻轻摇动杯身。

❹**冲水**。再次冲水至八分满，盖上盖子，闷泡一分钟。

❺**斟茶和奉茶**。将茶汤滤入公道杯中，再将茶汤倒入各品茗杯中至七分满，双手端给宾客品饮。

紫砂壶泡法

紫砂壶气孔微细、气密度高，具有良好的透气性和吐纳的特性，用之泡茶能充分显示茶叶的香气和滋味，而且泡茶的效果还会随着久用越来越好。紫砂壶提携抚握均不易烫手，置于火上烧炖也不会因温度急变而炸裂，是非常适合泡茶的壶具。紫砂壶的保温性能很强，适合冲泡对水温要求较高的黑茶、铁观音、大红袍等。

准备茶具

紫砂壶、公道杯、过滤网、品茗杯、杯托、茶船、茶夹、茶荷、茶匙、茶巾、煮水器

冲泡步骤

❶**温壶**。把紫砂壶放在茶船上，用沸水冲淋茶壶内外，温热壶里、壶壁、壶盖。

❷**置茶**。用茶匙把茶荷中的茶轻轻拨入茶壶中，使茶叶均匀散落在壶底，投茶量占茶壶容量的1/3～1/2。

❸**润茶**。往壶中注入沸水，“高冲”入壶，至溢出壶盖沿为宜，用壶盖轻轻旋转刮去浮沫。

❹**温杯**。将壶中的水滤入公道杯中，再把公道杯里的水倒入各品茗杯中。

❺**冲茶**。再次往壶中注入沸水，高冲水至溢出壶盖沿。盖上壶盖，用热水浇灌整个茶壶，让泡茶的温度保持恒定，浸泡2分钟后，把茶汤滤入公道杯中，尽量倒干净。

❻**斟茶**。将温热品茗杯的水倒入茶船中，把公道杯中的茶汤倒入各品茗杯至七分满。

❼**奉茶**。将品茗杯放在杯托上，双手端给宾客品饮。

瓷壶泡法

瓷壶色泽莹润、质地坚密，用之泡茶不仅能衬托出茶汤的清澈透亮，而且能使泡出的茶香味清扬。可用小瓷壶冲泡高档红茶、乌龙茶等，又因瓷壶的保温性能好，故大容量的瓷壶适合在人数较多的聚会时，用于冲泡大宗红茶、大宗绿茶、中档花茶等。

准备茶具

小瓷壶、公道杯、过滤网、品茗杯、茶盘、茶夹、茶荷、茶匙、茶巾、煮水器

冲泡步骤

❶**温杯。**向壶内注入沸水，温壶后将水倒入公道杯中，再从公道杯中倒入品茗杯中温杯。

❷**置茶。**用茶匙将茶荷中的茶叶轻轻拨入茶壶中。若为红茶，投茶量约3克；若是乌龙茶，投茶量可占壶容量的1/4～1/3。

❸**冲茶。**以回旋高冲的手法向壶中冲水至满，盖上壶盖，泡1～2分钟。

❹**备杯。**借助茶夹将温热品茗杯的水倒入茶盘中，用茶巾拭净水渍。

❺**斟茶和奉茶。**将茶壶中泡好的茶汤倒入公道杯中，尽量倒干净。再将公道杯中的茶汤分倒入各品茗杯中至七分满，双手端给宾客品饮。

不同茶类的冲泡方法

泡一杯好茶并非易事，不同的茶类有不同的冲泡方法，即使是同一种茶类也可能有不同的冲泡方法。只有掌握好这些茶叶的冲泡技巧，才能冲泡出色、香、味俱佳的茶。

绿茶的冲泡技巧

绿茶的冲泡技巧	
水温	特别细嫩的名优绿茶水温以 75 ~ 80℃为宜；细嫩名优绿茶水温以 80 ~ 85℃为宜；炒青绿茶等大宗绿茶则以 90 ~ 95℃的水温为宜。
投茶量	单杯泡绿茶，茶水比例以 1:50 为宜，即 1 克茶叶用水 50 毫升；分杯泡绿茶，茶水比例 1:30。
茶具选配	细嫩名优绿茶，宜用透明玻璃杯冲泡，便于欣赏“茶舞”；大宗绿茶观赏价值较低，且比较粗老耐冲泡，多选用瓷壶或盖碗冲泡。
冲泡时间	单杯冲泡绿茶浸泡 1 ~ 2 分钟即可品饮；分杯泡绿茶，前两泡 30 秒即可出汤分杯品饮，之后每泡延长 10 ~ 15 秒。
冲泡次数	单杯冲泡绿茶一般只冲泡 2 ~ 3 次；分杯泡，一般可泡 3 ~ 4 次。
品饮方法	品第一冲“头开茶”时，注重目品“杯中茶舞”，细啜慢品鲜嫩的茶香和鲜爽的茶味；品“二开茶”时，茶汤最浓，应注意体会舌底涌泉、齿颊留香、满口回甘、身心舒畅的妙趣；到第三冲时，茶味淡薄，可佐以茶点，以增茶兴。
其他	①三种投茶法。上投法：先冲水至七分满，然后投茶，待其徐徐下降。碧螺春等嫩度好的名优绿茶宜采取上投法。中投法：冲水至三分满，然后投茶，轻轻转杯待茶吸水伸展，再冲水至七分满。大部分名优绿茶宜选用中投法。下投法：温杯后，先将茶叶投入杯中，再倒水至 1/3，待茶叶完全濡湿后冲水至七分满。六安瓜片等茶条舒展的绿茶适合下投法。 ②及时续水。“头开茶”饮至尚余 1/3 杯时，即应及时续水；“二开茶”饮剩小半杯时即应再次续水。以茶待客时，视客人需求而定。

|视频同步学茶艺|

红茶的冲泡技巧

|视频同步学茶艺|

红茶的冲泡技巧	
水温	红条茶用 90℃的水冲泡，红碎茶则用 100℃的水冲泡。
投茶量	单杯泡，茶水比例 1:50；分杯泡 1:40；壶泡法 1:80 ～ 1:60。
茶具选配	宜用玲珑茶具或瓷器茶具冲泡工夫红茶，用紫砂壶和瓷壶冲泡红碎茶。分杯法还需要公道杯、品茗杯、过滤网、水盂、茶巾。
冲泡时间	单杯冲泡，2 分钟左右即可品饮，杯中余 1/3 茶汤时续水；分杯泡，第一泡 1 分钟即可出汤，第二泡起，每一泡增加约 15 秒。
冲泡次数	红条茶单杯泡可冲泡 3 次，分杯泡 4 ～ 5 次；红碎茶只冲泡 1 次。
品饮方法	红茶既可以清饮，品味本身的香气和滋味，又适合调饮，在泡好的茶汤中加入奶或糖、柠檬汁、蜂蜜、白兰地、香料等，以佐汤味，或置于冰箱中制成不同滋味的清凉饮料。
其他	闷茶。为了避免红茶香味丧失，冲泡时最好加上盖子。好的红茶饮到味道稍淡时，可提高水温加盖闷泡几分钟，依然能品味到红茶的香气和韵味。

青茶的冲泡技巧

青茶的冲泡技巧	
水温	高温水，接近 100℃的沸水。
投茶量	青茶通常采用 1:30 ～ 1:20 的茶水比例冲泡。
茶具选配	紫砂壶（杯）、瓷壶（杯）、白瓷盖碗、公道杯、闻香杯、水盂、过滤网、茶巾。
冲泡时间	轻发酵乌龙茶第一泡 40 秒左右可出汤，第二泡 30 秒即可出汤，以后每次冲泡均应延时 15 秒左右；重发酵茶第一泡即冲即出汤，第二泡 10 秒即可出汤，以后每次延长 10 秒钟。
冲泡次数	可泡 3 ～ 5 次，好的乌龙茶应“七泡有余香，九泡不失茶真味”。
品饮方法	随泡随喝，先嗅其香，再尝其味。
其他	①冰水泡法。可容 1 升水的白瓷茶壶中投入 15 克青茶，温开水润茶，沥尽后冲入低于 20℃的冷开水，放入冰箱冷藏 4 小时。 ②“观音醇”泡制法。优质高度白酒 500 毫升，铁观音 15 克，冰糖适量。将 3 样原料混合后摇动数下封存，10 天后可开封饮用。

|视频同步学茶艺|

|视频同步学茶艺|

黑茶的冲泡技巧

黑茶的冲泡技巧	
水温	100℃的沸水冲泡或煮饮。
投茶量	茶水比例为 1:50 ~ 1:30（视茶原料及个人口感调整），原料粗老的黑茶适合煮饮，茶水比例为 1:80。
茶具选配	用陶壶或瓷盖碗冲泡，用白瓷、玻璃等品茗杯品饮；如果是茶砖或茶饼，还要准备茶刀。
冲泡时间	冲泡黑茶一般需快速润茶 1 ~ 2 次，前几泡都宜及时出汤，后几泡一般根据茶叶年限、品质酌情掌握冲泡时间。
冲泡次数	一般可冲泡 7 次以上。
品饮方法	黑茶的香气藏在味道里，小口慢慢品味，如果茶汤温度过高，可以薄薄地吸啜品茗杯最上层茶汤。
其他	湖南黑茶可加入牛奶、盐、糖等调味，其中奶茶最为常见。先将茶品敲碎装进一个可扎口的小布袋，扎紧袋口，投入沸水中，熬煮 5 ~ 6 分钟后将茶汤滤出，再加入相当于茶汤 1/5 ~ 1/4 的鲜奶调匀即可。

白茶的冲泡技巧

白茶的冲泡技巧	
水温	以90℃的水为宜。寿眉叶粗，不易出味，可用100℃的沸水冲泡。
投茶量	茶水比例以 1:30 为宜。一般来说，茶量宁少勿多。
茶具选配	可用玻璃杯、盖碗或陶壶冲泡，亦可用铁壶煮饮。
冲泡时间	冲泡白茶多用分杯法，第一泡 2 ~ 3 分钟后出汤，分杯饮用。
冲泡次数	一般可以冲泡 7 ~ 8 次。
品饮方法	白茶味淡，适合清饮，慢慢、细细品味其中的茶香。
其他	①煮饮。5 年以上的老白茶适合煮饮，先用热水泡两泡，然后按 1:80 的茶水比例再加一次热水，放在慢火上煮。 ②冷泡。用冷水泡先投茶或先放水均可，投茶量以 1 克为宜。可将茶放入矿泉水瓶中，拧上瓶盖，3 ~ 4 小时后即可饮用。

|视频同步学茶艺|

黄茶的冲泡技巧

黄茶的冲泡技巧	
水温	以 80 ～ 90℃为宜。
投茶量	单杯泡，茶水比例为 1:50，分杯泡，茶水比例为 1:30。
茶具选配	黄芽茶和黄小茶宜用玻璃杯单杯冲泡，黄大茶宜用瓷壶冲泡。
冲泡时间	单杯冲泡浸泡 1 ～ 2 分钟即可品饮；分杯冲泡，前两泡 30 秒即可出汤分杯品饮，之后每泡延长 10 ～ 15 秒。
冲泡次数	单杯冲泡一般只冲泡 3 次；分杯泡，一般 4 ～ 5 次；如果是紧压黄茶，可冲泡 7 次以上。
品饮方法	适合清饮，先欣赏茶叶的婀娜姿态，再慢慢啜饮，品味清悠淡雅的茶香和清醇鲜爽的茶汤。
其他	冲泡时先快后慢地注水，大约到 1/3 处，待茶叶完全浸透，再注水至七分满。每一泡饮到剩下 1/3 时续水，这样每泡的茶汤口感更佳。

花茶的冲泡技巧

花茶的冲泡技巧	
水温	视茶坯种类而定，如果茶坯为细嫩绿茶，则水温以 80℃为宜；如果茶坯为黑茶，则必须用沸水。
投茶量	茶水比例亦根据茶坯而调整。
茶具选配	宜用瓷盖碗，也可选用透明玻璃杯。
冲泡时间	依茶坯而定。
冲泡次数	视茶坯种类而定。
品饮方法	饮用前，先揭盖闻香，品饮时将茶汤在口中停留片刻，以充分品尝、感受其香味。
其他	①加盖闷泡。花茶冲入热水后加盖闷泡，可使其花香物质充分浸出，又不会迅速散失。 ②拼配花茶。花茶的味道、功效多种多样，可以将多种花茶，或者花茶与茶叶进行搭配，制作出口感更丰富、功效更全面的花茶。

泡一杯好喝的茶

冲泡绿茶

视频同步学茶艺

冲泡 洞庭碧螺春

水温：80℃

工具：玻璃杯

茶叶克数：3克

茶水比例：1∶50

茶艺要点

· 芽叶细嫩的高档绿茶，如碧螺春、蒙顶甘露等，宜用上投法冲泡。

· 碧螺春适合选用玻璃杯冲泡，可以在冲水后观赏茶叶细嫩度和“茶舞”。

· 居家待客，在泡茶前可请大家观赏干茶，泡茶后再赏叶底。

· 碧螺春毫多，冲泡之后会有“毫浑”，即茶汤不像其他绿茶清明透亮，茶水中悬浮着无数细小的茶毫。

干茶　　茶汤　　叶底

1.采用回旋斟水法，向杯中注入少量热水。

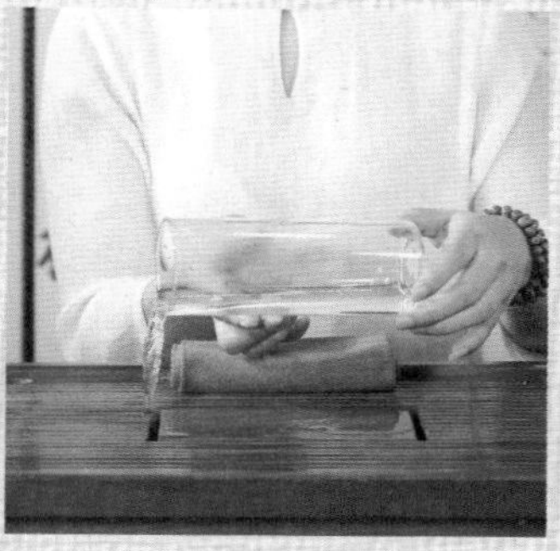

2.左手托杯底，右手持杯身，倾斜杯子，回旋1～2周后，将水倒掉。

3.向杯中注入沸水至七分满，等待水温降至 80℃左右。

4.用茶匙将茶叶轻轻拨入杯中。

5.约 1 分钟后，待杯底茶叶完全舒展即可品饮，不宜泡太久。

6.饮至剩1/3时续水，观赏茶叶如“雪浪喷珠、春染杯底、绿满晶宫”。

冲泡提示

碧螺春比较细嫩，在冲入开水后，可将水凉至80℃后再投茶，以免烫熟茶叶。采用上投法泡茶，会使杯中茶汤浓度上下不一，品饮前可轻轻摇动茶杯，使茶汤浓度上下均匀。

冲泡｜信｜阳｜毛｜尖｜

水温：80℃

工具：玻璃杯

茶叶克数：3克

茶水比例：1：50

|视频同步学茶艺|

茶艺要点

·为展现信阳毛尖在杯中舒展的优美姿态，宜选用无色透明玻璃杯冲泡。

·信阳毛尖采用一芽一叶初展鲜嫩原料制作而成，细圆紧直、白毫显露、色泽翠绿，茶叶纷纷入杯好似佳人轻移莲步、徐徐入池，在汤泉中沐浴，茶香也得以散发。

·上投法冲泡的信阳毛尖观之汤色清澈，嗅之香气高爽，品之滋味甘醇。

1.向杯中注入适量开水。

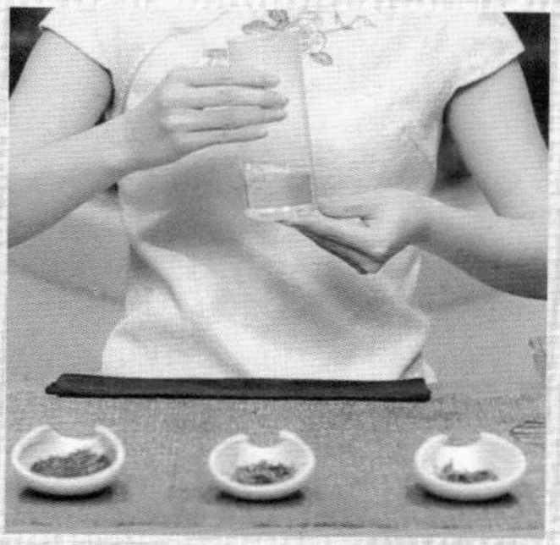

2.左手托杯底，右手握杯身，稍倾斜旋转杯子，温润玻璃杯。

3.将温杯的水倒出。

4.向杯中注入80℃左右的水至七分满。

5.将茶叶徐徐投入杯中，浸泡约2分钟。

6.细细嗅闻茶香，然后品饮即可。

冲泡提示

一泡之后，可再续水1～2次。当喝至茶杯里茶汤剩三分之一的时候及时续水，不要把茶汤喝完再续水，那样口感不均，失去了该有的茶味。

冲泡 | 碣 | 滩 | 茶 |

水温：80℃

工具：玻璃杯

茶叶克数：3克

茶水比例：1∶50

|视频同步学茶艺|

茶艺要点

· 为展现茶叶婀娜多姿之态，宜选用无色透明的玻璃杯冲泡。

· 碣滩银毫原料细嫩，水温以80℃为宜，不可太高，以免烫熟茶叶。

· 碣滩银毫外形细紧卷曲，锋苗细秀，白毫显露，色泽绿润。

· 冲水时观赏壶口水汽缥缈，壶中芽叶随浪翻转，如银鱼游翔，又似绿衣仙子翩然起舞的姿态。

· 品饮茶汤，汤色浅绿，略有毫混，香气鲜嫩，毫香持久，滋味鲜醇，回甘韵长。

1.向杯中注入适量开水。

2.旋转杯底，将温杯的水倒入水盂中。

3.向杯中注入80℃左右的水，约30毫升。

4.将茶叶徐徐投入杯中。

5.再次向杯中注水至七分满。

6.浸泡1分钟左右即可品饮。

冲泡提示

投茶后，静待茶叶浸润舒展或握杯轻轻转动数圈，让茶叶在水中充分浸润后，再注水至七分满。一泡之后，可再续水1～2次。

冲泡 | 牛 | 抵 | 茶 |

水温：90℃

工具：玻璃杯

茶叶克数：3克

茶水比例：1：50

茶艺要点

· 选用无色透明的玻璃杯冲泡，以便欣赏牛抵茶的杯中茶舞。

· 洁器的过程可以提高杯温，以使茶性更好发挥，还有助于营造一个清、洁、静的品茶氛围。

· 牛抵茶采用单芽制成，外形肥壮略扁，似牛角，多毫绿润。

· 采用“凤凰三点头”的手法注水，当水流直下，宛若空谷幽鸣，茶芽优雅从容地舞动，散发着独特的芬芳。

· 品饮时观赏杯中茶芽叶柄朝下，芽尖朝上，不落杯底，不浮水面，叶叶相碰，宛如两牛抵角。

| 视频同步学茶艺 |

1.向杯中注入适量开水。

2.轻轻旋转杯底，将温杯的水倒入水盂中。

3.用茶匙将茶叶轻轻拨入杯中。

4.向杯内注入少量90℃的水，浸润茶叶。

5.以“凤凰三点头”的手法高冲水至七分满。

6.浸泡1分钟左右，即可奉茶品饮。

冲泡提示

采用“凤凰三点头”手法时最重要的在于轻提手腕，手肘与手腕平，以便能使手腕柔软有余地。一泡之后，可再续水1～2次。

冲泡红茶

冲泡 | 正 | 山 | 小 | 种 |

水温：95~100℃

工具：小瓷壶

茶叶克数：5克

茶水比例：1∶50

|视频同步学茶艺|

茶艺要点

· 宜选用白色瓷壶或瓷杯冲泡，以衬托红茶红艳的汤色。

· 红茶可清饮和调饮，正山小种属于红条茶，适合直接清饮，更易品尝到红茶本身独有的香气和滋味。

· 正山小种红茶是世界红茶的鼻祖，后来在正山小种的基础上发展出了工夫红茶。

· 出汤时应滴尽壶内的茶汤。

· 红茶冷饮或加冰后会出现“冷后浑”现象，这是茶汤中的咖啡碱和红茶色素在温度降低时结合生成不溶于水的物质所致，茶汤温度升高，“冷后浑”现象消失。

干茶　　茶汤　　叶底

1.将开水倒入茶壶中，然后将水倒入公道杯中，接着倒入品茗杯中温杯。

2.趁茶壶还温热时，用茶匙将干茶拨入壶中。

3.向壶中注入适宜温度的水，盖上壶盖，迅速出汤，将茶汤滤入公道杯中。

4.将公道杯中的茶汤分别倒入各品茗杯中，洗杯，并将水倒去。

5.再次向壶中注水，盖上壶盖，5秒左右出汤，滤入公道杯中。

6.将公道杯中的茶汤分入品茗杯至七分满，即可品饮。

冲泡提示

正山小种可用100℃的沸水冲泡，前4泡出汤时间不超过30秒，后几泡时间可稍长，但也不要超过60秒。

冲泡|玲|珑|红|茶|

水温：90℃

工具：三才杯

茶叶克数：4克

茶水比例：1∶50

|视频同步学茶艺|

茶艺要点

· 冲泡玲珑红茶宜选用瓷质莹润、美观雅致的器具，可谓佳茗妙器两相宜。

· 玲珑红茶其形卷曲紧结，色泽乌润，金毫显露，宛如盘旋山道、幽静曲径。

· 玲珑红茶汤色红亮，滋味鲜醇带甜，叶底红亮匀整。

1.将适量开水注入杯中，旋转杯身温烫茶杯，再将杯中水依次倒入公道杯、品茗杯中洁具。

2.向杯中投入茶叶。

3.以高冲水的手法向杯中注入90℃的开水，至八分满。

4.利用泡茶的时间，将品茗杯中的水倒入水盂中。

5.将茶汤滤入公道杯中。

6.再将公道杯中的茶汤分至各个品茗杯中，品饮即可。

冲泡提示

一泡之后，可续水继续泡3～4次，之后每泡1次浸润时间延长10秒，泡3～4次味道变淡即可换茶。

冲泡 | 牛 | 奶 | 红 | 茶 |

水温：100℃

工具：紫砂壶

茶叶克数：5克（红碎茶）

茶水比例：1∶50

热牛奶：适量

|视频同步学茶艺|

茶艺要点

· 选用紫砂壶作为制备红茶汤的冲泡器，用有精美花纹装饰的骨瓷带柄杯来品饮。

· 调饮红茶宜选择红碎茶，方便茶叶的可溶成分迅速释出。如果选用袋装红茶，应先注入开水再放茶包。

· 品饮之前，可用右手持茶匙，逆时针轻轻搅拌，使茶与添加物混合均匀，然后提起茶匙在杯内壁停放一下，使茶汤滴入杯中，取出茶匙，仍放在杯内侧。

· 糖的用量因人而异，以适口为度。

干茶　　茶汤　　叶底

1.向壶中注入少量开水，温烫紫砂壶。

2.将烫壶的水倒入公道杯中温杯，再倒入品茗杯中。

3.向紫砂壶内投入适量红碎茶，注入100℃的开水，盖上盖，浸泡5分钟。

4.利用泡茶的时间将瓷杯中的水依次倒掉。

5.待时间到，将茶汤滤入公道杯中。

6.将另一个公道杯中的热牛奶倒入茶汤中。

7.将两个公道杯轮回倒换，以使奶与茶混合均匀。

8.将奶茶倒入各个瓷杯中，品饮即可。可根据个人口味加入方糖。

冲泡提示

可利用两个公道杯，混合倒换，从而使奶与茶混合均匀，汤面形成一层细细泡沫，汤色以粉红或姜黄为适度。

冲泡青茶

冲泡 | 大 | 红 | 袍 |

水温：100℃

工具：白瓷盖碗

茶叶克数：7克

茶水比例：1∶22

|视频同步学茶艺|

茶艺要点

· 以白色瓷杯冲泡，用小杯细品，才能尝到真正的岩茶之巅的韵味。

· 大红袍很耐冲泡，冲泡七八次仍有香味。

· 大红袍品质突出之处即香气馥郁，有兰花香，香高而持久。所谓“品具岩骨花香之胜”即指此意境。

干茶　　茶汤　　叶底

1.向盖碗中注入适量开水，先烫杯盖，再旋转杯身温烫盖碗。

2.将水倒入公道杯温杯，再倒入品茗杯中，烫洗后倒入水盂中。

3.将适量大红袍茶叶投入盖碗中。

4.将新鲜煮沸近100℃的开水倒入杯中，并迅速将水倒掉。

5.高冲开水至盖碗中，约八分满，盖好，刮去杯口浮沫。

6.即冲即出汤。将泡好的茶汤滤入公道杯中，再分入品茗杯中，品饮即可。

冲泡提示

一泡之后继续冲泡，从第3泡起，每泡延长10秒左右，一般可冲泡7次。

冲泡|铁|观|音|

水温：100℃

工具：紫砂壶

茶叶克数：7克

茶水比例：1∶22

|视频同步学茶艺|

茶艺要点

·铁观音冲泡源自工夫茶泡法，在传统工夫茶基础上加以现代气息，形成一定的规范泡茶程式与动作。

·紫砂壶具有特殊的双重气孔，能充分发挥铁观音的香和韵。

·冲泡铁观音的水温度需达到100℃，这样才能体现铁观音独到的韵味。

·上等的铁观音冲泡后的茶汤，汤色金黄，浓艳而清澈，茶香高而持久，且伴有兰花香，可“七泡有余香”。

干茶　　茶汤　　叶底

1.用沸水依次烫洗茶壶、公道杯，再将水倒入闻香杯、品茗杯。

2.将茶叶置入壶中，一般投入壶的1/3或1/2为佳。

3.往茶壶中注入100℃的开水，随即将茶汤倾入公道杯中，温润茶叶。

4.以“凤凰三点头”的手法冲水入壶中至满，用壶盖刮去瓯面浮沫，然后右手提壶将瓯盖冲净。

5.将温润茶叶的茶汤淋浇整个壶身，提高壶内外的温度，使茶香散发出来。

6.约浸泡50秒，将茶汤滤入公道杯中，再把茶汤依次均匀地斟入闻香杯中。

7.将品茗杯倒扣在闻香杯上，再将品茗杯和闻香杯倒扣过来。

8.轻轻旋出闻香杯，借助闻香杯先嗅其香，接着端品茗杯观汤色，细品茶滋味。

冲泡提示

一泡之后继续冲第2道、第3道、第4道……泡饮程序基本一样，只是泡茶的时间逐道加长些，但要根据茶的品质优劣而定，品质好的铁观音冲七八遍仍有余香。

冲泡 | 凤 | 凰 | 单 | 丛 |

水温：100℃

工具：紫砂壶

茶叶克数：8克

茶水比例：1∶22

|视频同步学茶艺|

茶艺要点

·凤凰单丛呈条状，一般投茶量应掌握在冲水后茶叶膨开不超过壶口。

·凤凰单丛用潮汕传统的红泥壶冲泡更佳，再搭配陶火炉和小品茗杯，就更加原滋原味。

·潮汕工夫茶泡法，在泡茶程序上更为讲究，冲泡中刮沫、淋壶、烫杯、巡、点等程序都有。

干茶 茶汤 叶底

1.将水烧至滚开，倒入茶壶中并冲淋壶身，然后将水倒入品茗杯中温杯。

2.向壶中拨入干茶（壶口小时可借助茶漏）。

3.往壶中冲入沸水至满，刮沫，盖好壶盖，用沸水冲淋整个壶身。

4.马上将茶汤倒入品茗杯中，将壶内的水淋净，接着用手滚动温杯，倒净水。

5.开盖，再冲水至壶满，盖好壶盖。用沸水浇淋壶身，泡约10秒钟。

6.将茶汤斟入各个品茗杯中，杯底的水用茶巾擦干，放在杯托上端给客人品饮。

冲泡提示

若为清香型茶，冲水不需满，高冲快出，第1泡5秒出汤，第2～5泡10秒出汤，6泡以后可适当延长出汤时间。

冲泡黑茶

冲泡 | 千 | 两 | 茶 |

水温：100℃

工具：铜官窑

茶叶克数：8克

茶水比例：1：40

|视频同步学茶艺|

茶艺要点

· 冲泡湖南千两茶宜选择大一些的茶具，避免茶味过浓，一般用厚壁紫砂壶或陶壶冲泡，也可使用黑茶专用的如意杯。

· 用古朴典雅的铜官窑茶器泡千两茶，可谓湘气泡湘茶，珠联璧合。

· 在冲泡湖南千两茶之前，先将圆柱形的千两茶锯成片状，再使用茶刀取下茶叶，便于冲泡。

· 千两茶较粗老，要用100℃的沸水，按1：40左右的茶水比例冲泡。也可以使用煮茶法，茶水比例约为1：80。

1.向壶内注入适量开水，温烫茶壶。

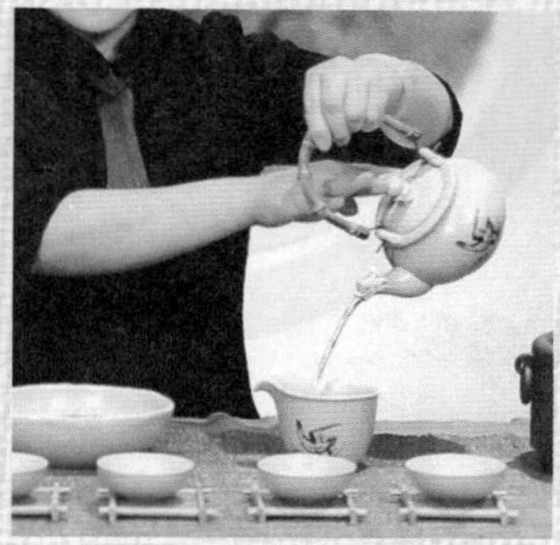

2.将烫壶的水倒入公道杯，以旋转法烫洗公道杯。再将水倒入品茗杯。

3.将茶叶拨入茶壶中，倒入适量100℃的开水，盖上盖，并随即将茶汤倒出。

4.壶中注入适量开水，浸泡茶叶，约40秒。

5.利用泡茶的时间，将品茗杯中的水倒入水盂中。

6.待时间到，将壶中茶汤滤入公道杯中。

7.再将公道杯中的茶汤依次均匀注入品茗杯，至七分满。

8.端起品茗杯，先观汤色，然后置于鼻端，嗅其茶香，再细细品味茶汤的滋味。

冲泡提示

第2、3泡的浸泡时间为15秒左右，第4泡后每泡延长10秒，5泡后采用定点高位注水的方式注水，直至滋味变淡即重新换茶叶。

冲泡 茯砖茶

水温：100℃

工具：白瓷盖碗

茶叶克数：7克

茶水比例：1∶40

|视频同步学茶艺|

茶艺要点

· 选用瓷质温润的白瓷盖碗、晶莹透亮的玻璃公道杯等茶器，与茶玉骨冰清的品性相映衬，同时也利于观赏茯砖茶美如琥珀的汤色。

· 茯砖茶外形砖面平整，棱角分明，颗粒粗大，色泽金黄，砖面色泽黑褐或黄褐，可见许多金黄色的“金花”，这是有益的黄霉菌，说明品质较佳。

· 冲泡得宜的茯砖茶茶汤透亮，滋味醇厚不苦涩。如果品饮者喜欢喝较浓的茶汤，可以适当增加茶叶的用量或延长浸泡的时间。

· 黑茶也可以加入牛奶、盐等配料冲泡，就可以变成风味多样的黑茶饮料。

茶汤

叶底

干茶

1.向盖碗内注入开水，水量为容器的一半，先将盖在杯内转动，烫洗杯盖，再盖上旋转杯身，烫洗盖碗。

2.将盖碗内的水倒入公道杯，烫洗公道杯，再将水倒入品茗杯中，依次烫洗。

3.将预先备好的茯砖茶倒入盖碗中，注入100℃的开水至七分满。

4.倒净盖碗中的茶汤。

5.再次注入开水至八分满，盖上盖，浸泡约40秒。

6.利用泡茶的时间，将品茗杯中的水倒入水盂中。

7.待时间到，将盖碗中的茶汤滤入公道杯中。

8.再将公道杯中的茶汤分至品茗杯中，品饮即可。

冲泡提示

第2、3泡的浸泡时间为15秒左右，第4泡后每泡延长10秒，5泡后采用定点高位注水的方式注水，直至滋味变淡即重新换茶叶。

冲泡 | 宫 | 廷 | 普 | 洱 |

水温：100℃

工具：紫砂壶

茶叶克数：7克

茶水比例：1∶40

|视频同步学茶艺|

茶艺要点

· 宫廷普洱属于普洱熟茶，经过较长时间的发酵，润茶程序不可缺少，以便唤醒茶性，去除杂味。普洱生茶也是一样。

· 普洱茶最好用滚烫的开水冲泡，通常饮水机的水加热后温度大约是90℃，水温不够，所以如果是在办公室泡普洱茶，最好准备一个随手泡。

· 冲泡普洱茶适合选用紫砂壶或大陶壶；品饮普洱茶适合用玻璃或白色的品饮杯，以观察普洱茶红浓透亮的茶汤颜色。

干茶　　茶汤　　叶底

1.将沸水倒入紫砂壶中，温壶后将水倒入公道杯中，再倒入品茗杯中温杯。

2.趁着壶尚温热，用茶匙将茶叶拨入茶壶中。

3.将沸水冲水入茶壶中，盖上壶盖，继续以沸水冲淋整个壶身。

4.将此次茶汤弃去不要，如果香气纯正，即可正式进入冲泡，如果有杂味，再用同样的方法再洗1～2次茶。

5.洗完茶之后再次冲水至满，盖上壶盖，淋壶，快速将茶汤滤入公道杯中。

6.将公道杯中的茶汤分入品茗杯，请客人品尝。

冲泡提示

冲泡宫廷普洱，前5泡均快速出汤，第6泡开始闷泡30秒，之后每次增加5秒。

冲泡白茶

冲泡|白|毫|银|针|

水温：90℃

工具：玻璃盖碗

茶叶克数：5克

茶水比例：1∶30

|视频同步学茶艺|

茶艺要点

· 白毫银针宜用透明玻璃杯或透明盖碗冲泡，便于从不同角度欣赏到杯中茶的姿态。

· 白毫银针通常比绿茶耐冲泡，陈年白毫银针可使用紫砂壶冲泡，便于营养物质析出，泡出的茶汤香气浓郁清幽，滋味醇厚顺滑，几乎没有苦涩感。

· 白毫银针新茶茶汤滋味纯爽、微苦、偏淡，有毫香，叶底黄绿；陈茶茶汤滋味醇厚、微甜，叶底红褐。

干茶　茶汤　叶底

1.将沸水倒入玻璃盖碗中，再从盖碗倒入公道杯，温烫公道杯。

2.接着将水倒入品茗杯中温杯，将温杯的水倒掉。

3.揭开碗盖，将干茶轻轻拨入盖碗中。

4.将90℃左右的开水冲入杯中，使茶叶浸润10秒钟左右，将茶汤倒掉。

5.用高冲法注水至八分满，盖上碗盖，浸泡约1分钟。

6.将茶汤滤入公道杯中，再分入品茗杯中至七分满，品饮即可。

冲泡提示

白毫银针可连续冲泡4～5次，后面的冲泡时间根据实际情况依次增加。用盖碗冲泡，出汤时也可将茶汤直接倒入公道杯中即可，无需使用过滤网，因为茶芽上的毫毛有一定的营养价值。

冲泡 | 白 | 牡 | 丹 |

水温：90℃

工具：白瓷盖碗

茶叶克数：5克

茶水比例：1∶30

|视频同步学茶艺|

茶艺要点

· 白牡丹可以用多种茶具冲泡，用紫砂壶泡出来的味道更醇厚，用玻璃杯和盖碗冲泡可观赏如花朵绽放的叶底。

· 使用不同的茶具冲泡，出汤时间也不同。

· 冲泡后，碧绿的叶子托着嫩嫩的叶芽，形状优美，好似牡丹蓓蕾初放。

干茶　　茶汤　　叶底

1.将水烧至滚开，倒入盖碗中，温烫盖碗。然后将温烫盖碗的水倒入公道杯，接着倒入品茗杯中温杯。

2.将干茶拨入盖碗中，盖上杯盖，拿起盖碗轻轻摇动几下，揭盖闻香。

3.沿着盖碗边缘冲入适量热水，然后盖上杯盖。

4.将茶汤倒净。

5.再次沿盖碗边缘注水至八分满，盖上杯盖，浸泡约30秒。

6.将茶汤滤入公道杯中，再分入各品茗杯至七分满，品饮即可。

冲泡提示

用玻璃杯冲泡，大约1分钟即可品饮；用紫砂壶或盖碗，第1泡约30秒即可，如果水温过高或浸泡时间过长，容易将茶叶“烫熟”，之后每泡延长20秒左右为宜。

冲泡黄茶

冲泡|君|山|银|针|

水温：95℃

工具：玻璃杯

茶叶克数：3克

茶水比例：1∶30

|视频同步学茶艺|

茶艺要点

· 君山银针有较高的观赏价值，故选用透明的玻璃杯冲泡，以便欣赏杯中茶舞的曼妙英姿。

· 泡开的君山银针非常适合观“茶舞”，这是冲泡君山银针的特色程序。在热水的浸泡下君山银针慢慢舒展开来，芽尖朝上，蒂头下垂，在水中忽升忽降，时沉时浮，最后竖立于杯底，随水波晃动，就像舞者在水下舞蹈。

· 银针茶品质上乘，香气清郁，滋味鲜爽，甘醇甜和，饮后口舌留甘，清香永驻。

干茶 茶汤 叶底

1.向玻璃杯中注入少量热水，温烫杯具，将水倒掉。

2.将君山银针投入杯中。

3.向杯中注入少许95℃开水进行温润。

4.然后采用“凤凰三点头”的手法注水至七分满。

5.用玻璃盖将茶杯盖住，保持水温。

6.将杯盖轻轻移去。静观茶叶慢慢沉入杯底，在水中伸展的姿态。轻闻茶香，品饮即可。

冲泡提示

一泡之后再次沿杯壁注水，依然可以欣赏到杯中茶芽竖立的姿态。冲泡两次后即可换茶。

冲泡 | 霍 | 山 | 黄 | 芽 |

水温：80～85℃

工具：玻璃杯

茶叶克数：5克

茶水比例：1∶30

|视频同步学茶艺|

茶艺要点

· 冲泡霍山黄芽的水温以80～85℃为宜，最好使用无色透明玻璃杯，便于观赏茶舞。

· 先冲少量热水润茶，让黄芽吸水膨胀，便于茶叶中有效成分析出；之后注水时，让水从高处冲下，欣赏茶叶在水中上下翻滚的姿态。

· 不可闷泡太久，品饮之前，先赏茶汤、叶底，观色、闻香、赏形，然后趁热品啜茶汤的滋味。

干茶　　茶汤　　叶底

1.采用回旋斟水法，将热水缓缓注入玻璃杯中。

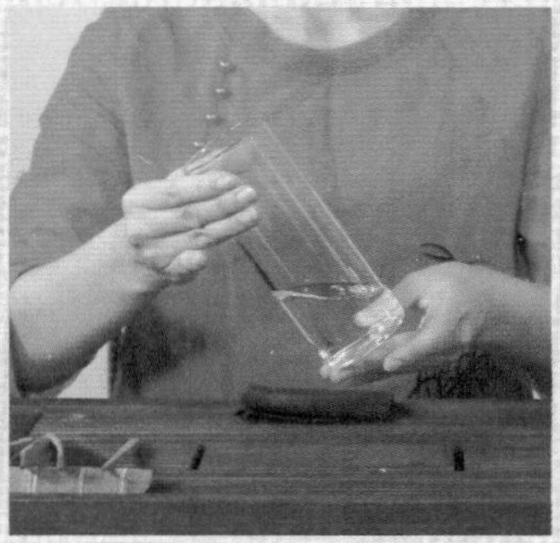

2.左手托杯底，右手拿杯，稍倾斜杯子，逐渐回旋1周，将水倒掉。

3.趁杯子尚热，用茶匙将茶叶轻轻拨入杯中，拿起杯子闻干茶香。

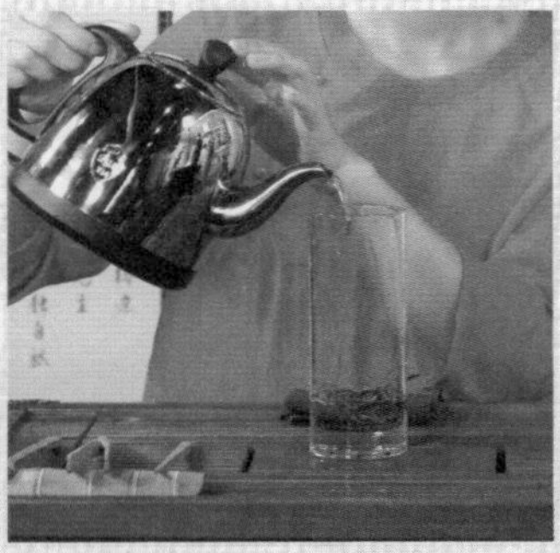

4.沿杯壁缓缓注入热水至三分满。

5.拿起杯子轻摇，让茶叶在水里充分浸润约40秒。

6.高提水壶，以“凤凰三点头”的手法注水至七分满，让茶叶在水中翻动。泡1分钟左右即可品饮。

冲泡提示

霍山黄芽一般冲泡三次即可。第1泡，品茶之醇香；第2泡，茶香浓郁，滋味佳；第3泡，茶味和香气都已经变淡，之后就可以换新茶叶了。

冲泡花茶

冲泡｜茉｜莉｜花｜茶｜

水温：95～100℃

工具：白瓷盖碗

茶叶克数：3克

茶水比例：1∶50

|视频同步学茶艺|

茶艺要点

· 茉莉花茶香气充足，适合选用盖碗或透明玻璃杯冲泡，以拢住香气。

· 如果冲泡的是极优质的特种茉莉花茶，则宜选用玻璃杯，水温以80～90℃为宜，采用下投法泡茶。

· 用盖碗泡茶，除掀盖闻茶香之外，还可以闻盖子上的茶香。

· 新工艺的花香制法，可见洁白的花朵在水面上绽放。

· 开水冲入杯中，顿时花香、茶香四溢，品之滋味醇厚鲜爽。

干茶　　茶汤　　叶底

1.向盖碗中注入少量热水，转动杯身，温烫盖碗，然后用温碗的水继续烫公道杯和品茗杯。

2.趁盖碗还温热时，用茶匙将干茶拨入盖碗中，盖上盖摇两下，揭盖闻香。

3.待水温降至适宜温度，提高水壶，将水高冲入盖碗中，然后盖上盖。

4.将茶汤滤入公道杯中，再从公道杯中倒入品茗杯中，烫杯后将水倒掉。

5.再次将水高冲入盖碗，盖上杯盖，浸泡约1 分钟。

6.将茶汤滤入公道杯中，再分入各品茗杯至七分满，即可品饮。

冲泡提示

花茶一般可冲泡2～3次，花香、茶味变淡，即可换茶。

第七章

茶艺赏析

中国的茶艺蕴含着无穷的美，
欣赏茶艺就是一个感受美的过程，
包含感官的享受和人文的满足。
透过茶艺之美，
闻氤氲茶香，
品悠悠茶韵，
我们依旧能体验古人在茗香中修炼的高雅情怀，
感受中华几千年雅韵深厚的茶文化。

待客茶艺

客来敬茶是中华民族的传统美德，也是待客礼仪中必不可少的一项基本要求。一般适用于家庭成员中有擅长茶艺的人进行。

茶艺环境的布置

待客礼为先，在客人到来之前，主人应准备好所有的待客用具及舒适的待客环境。

茶艺环境宜轻松、自由、舒适（一般可选在家里的客厅），屋内可放一些盆栽，如绿萝、文竹、兰花等；开窗通风以使空气清新，或开启空调，确保室内温度在25℃左右（具体可以视季节而定）；灯光可用自然光，也可通过灯光营造出较轻松、祥和、温馨的氛围；背景音乐可选择《高山流水》《春江花月夜》或是当代流行歌曲的古筝曲、箫曲、琵琶曲（以欣赏者喜欢的音乐类型为佳）；另外，还可以准备饼干、梅子、茶瓜子、葡萄干、牛肉干、以及时鲜水果等。

待客茶艺讲究一个轻松、自由、随意的氛围，作为主人，不仅要热心地招待客人，还要针对客人的喜好，选择不同的茶类、器具等。投友所好的茶品，相宜的茶具，不仅能增进彼此的友谊，也能融洽相会的氛围。

简单茶艺与复杂茶艺

简单茶艺适用于接待稍作停留的客人，通常可采用在普通的玻璃杯、盖碗杯或者白瓷单杯中投茶直接冲泡的方法冲泡。复杂茶艺适用于在家中停留时间较长的客人，时间至少在1个小时以上。复杂茶艺采用的器具会更为多一些，泡法也更为复杂，品饮时间更长。泡茶过程中一般采用的器具有：紫砂茶具组、盖碗配公道杯和品茗杯等。

续茶是待客茶艺表演过程中重要的礼仪部分。作为主人，必须悉心照料客人，当客人快喝完杯中的茶时，主人必须遵其意愿，添茶或换茶类。此外，主人在客人喝茶的过程中可与其聊天、论茶、谈事、吃茶点、听音乐等，尽可能地让客人在一个舒适、自由、优雅的环境中度过一段愉悦的时光。

表演茶艺

表演茶艺具有了表演的性质，讲究舞台表演的艺术性。表演茶艺分为两大类：一是六大基本茶类的茶艺，另一种是调饮茶茶艺。

边城印象

80 年前沈从文先生的小说《边城》，以如椽巨笔，让如诗如画、田园牧歌式的美丽湘西呈现于世，并让灵秀多情的湘女——翠翠深入人心。美丽的湘女们，以《边城印象》之茶艺演绎至真、至善、至美的“中国最美小城”——边城所具有的纯朴之美，自然之美，人性之美。

边城印象

第一道

边城山水美如画，翠釉陶具绘美景

边城山水美如画，古朴、静谧。那宁静的茶峒山城，清澈如镜的溪水，两岸翠色夺目的细竹，如渡船、吊脚楼、水车、碾坊、古城墙等，无一不给人带来感。

今选用的陶土翠釉手绘茶具浓缩了边城如中国山水画一般的美景，赏之使人产生无限美的遐思。

第二道

纯洁善良湘女情，武陵嘉茗初露妍

美丽善良的翠翠，“在风日里长养着，触目为青山绿水，故眸子清明如水晶。”她身上凝结着自然山水的灵气，就如青青茶园中那颗才探出头的嫩芽，接受自然的滋养，带着山野的芬芳，呈现纯任自然之美。

清香翠绿的武陵绿，条索紧洁，银里隐翠，充满生机，象征希望；香甜味醇的武陵红，条索紧秀，金毫显露，柔和温暖，寓意幸福。

第三道

茶峒溪水涓涓清，烟雨蒙蒙沱江美

茶峒溪水美在清亮，即或深到一篙不能落底，却依然清澈透明。

烟雨中的沱江美在朦胧，即或带着几分羞涩，却依然透着清灵。

清清泉水沐过壶盏，茶香氤氲，水气袅袅，在那月色如水，带着几分朦胧与浪漫的夜晚，边城的青年男女立于茶峒溪的两岸，听溪水哗哗，对歌传情，歌声缥缈悠扬，尽显爱的“纯洁”。

第四道

柳绿花红春意浓，杏花春雨入梦来

四月的山城，处处杏花盛开，柳绿花红，空气中弥漫着浸人的花香，春雨中杏花、桃花纷纷飞落，一派春意盎然景象。

此刻，片片嫩芽飞入杯中，银里隐翠的武陵绿茶，金毫显露的武陵红茶，正似那点缀春天的绿的柳，红的花，隐约中可见杏花春雨中的山城春景。

第五道

边城渡头喜相逢，情窦初开带羞色

美与爱的化身——翠翠，她天真善良，温柔纯情，与二老傩送一见钟情。心扉初开的翠翠，在暖暖的爱的滋润下更加的美丽动人。

此刻，杯中的茶芽在热水的浸润下，渐渐地舒展开来，宛如情窦初开的少女，带着几分羞涩，茶之馨香渐然弥漫。

第六道

飞瀑直下如玉帘，万象变幻共氤氲

江流有声，断岸千尺。壶口一束飞瀑凌空而落，壶口水气飘渺，壶中芽叶随浪翻转，那是青浪滩上逐波嬉戏的鱼儿？还是沱江中浸入了彩虹的美景？

氤氲中，万象变幻，边城流瀑垂纱、山光水色呈现眼前。

第七道

香暖红炉茶烟袅，山城之美千古传

清晨太阳刚从东边升起，水面泛着的薄雾慢慢散去，倒映江心的吊脚楼、滑过江面的扁舟、飞架沱江的虹桥，一切都是如此的自然和谐。山城的宁静之美、自然之美、人性之美，伴随着茶香，穿越时空，落入杯盏间。

第八道

一盏香茗奉嘉客，岁月静好和谐美

边城山灵水秀，民风纯朴，茶是施善的载体，是青年男女传情达意的媒介，更是日常的待客之礼。每当贵客临门，山城的人们一定会用上好的香茗、动听的山歌来款待。这古朴、纯正的民风反映了边城人豁达的情怀和豪迈的气概，犹如一支从山野飘来的歌，古老但很动听，传达了边城岁月静好的和谐之美。

尾声

说不尽的故事，道不完的美景，边城之美在哪里？在如诗如梦的山水里，在沈从文的书里，在黄永玉的画里，在每一位追求真、善、美的人心里!更在那个永远不老、一直站在渡口边等候你的湘女翠翠的微笑里……

◎全国第二届大学茶艺技能比赛获奖节目，湖南农业大学茶学系编创。

千两茶茶艺

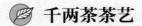

湖南黑茶中的”千两茶”以其独有的加工、原生态的包装、大气的造型受到越来越多消费者的喜爱。“千两茶”产于益阳，其名来源于每支茶重千两（按老秤计量），因其重量之沉重，获得“世界茶王”之美誉。她曾是古丝绸路上的神秘之茶，其芳香穿过漠漠戈壁，给边疆少数民族同胞带去甘甜与健康；如今，“千两茶”的神秘面纱渐渐褪去，“黑美人”露出俏丽的身姿，逐渐走入寻常百姓家，成为日常生活中的健康之饮。

第一道

美人卷帘登华堂

即赏茶，“千两茶”产自湖南益阳，呈圆柱状。整个茶身由三层卷包而成，内两层是蓼叶、棕叶，外层是手工编制的花格篾篓，有诗赞云：“貌似树干却是茶，神奇之棒谁敢攀”。现层层剥开，宛如揭起卷帘，幽居深庭的“黑美人”款款而来。观其色，外层乌润，锯成片状茶饼，取下适量茶叶备用。

场景：以伴舞体现千两茶的制作。用喷绘展示千两茶外形（或用舞台道具展示千两茶）。

第二道

典雅别致醴陵瓷

今天我们为大家准备的茶具是历史悠久的湖南醴陵陶瓷。瓷质晶莹润泽，细腻美观，色泽典雅，造型别致。被誉为“东方明珠”。用它来冲泡千两茶，可谓珠联璧合。

泡茶之前，须洁杯净具，一来表达对客人的敬重，二来提高杯温使茶性更好发挥，三来营造品茶的氛围。此刻耳边音乐轻柔飘渺，眼前茶具洁净晶莹，引人进入到一个“清、洁、静、和”的品茶境界。

第三道

玉叶金枝飘然至

将茶投入壶中，投茶量以壶的1/5（依茶叶存放时间及品质而定），茶叶伴着金枝飘然而下，宛若玉叶金枝的佳人随风而至，引人暇想。

第四道

洗去沧桑素心洁

将100℃的开水注入壶中，刮去泡沫，随即将茶汤倾出，因千两茶经存放而成，茶身紧结，洗茶可以让其初步舒展，同时体现茶的真香真味。

第五道

涓涓清泉酿琼浆

以回旋注水法向杯中注水，茶身慢慢舒展，茶的内含物缓缓渗出。

第六道

甘露点点润心田

将茶汤依次均匀注入品茗杯中，茶是少数民族同胞的生命之液，点点茶汁正如甘露滋润着各民族，借此道程序预祝中华民族大家庭共建和谐社会，同享太平盛世。

场景：奉茶与茶点。

第七道

细品“茶王”论天下

千两茶汤色红艳，明亮透彻如琥珀；陈香扑鼻，香味持久；细细品啜，茶汤滋味醇厚滑爽，回甘明显，令人回味。

现代医学证明，千两茶具有提神醒脑、消食化腻、促进血液循环、护肝养肾、降血压、醒酒、解毒的特殊功效，陈年老茶更是功效卓著，而且具有“越陈越香”的特点。毋庸置疑，千两茶将成为人类健康的象征，问茶界天下，谁主沉浮？唯健康是尊！

第八道

古道悠悠千载情

临风一啜回味长，一杯香茗千载情，古道上的驼铃声曾记载了多少艰辛，又寄托了多少希望，今天，我们品着悠悠古道上的茶香，追忆昨天的茶情，喜结今日的茶缘，延续明日的茶愿，再次祝各位，品“千两茶”，享一生健康！

传奇女书 · 君子女

芙蓉情深

大国茶香

民俗茶艺

民俗茶艺以待客为主要目的，不仅讲究茶艺的形式，更重视待客过程中的饮食需要，与当地民俗有密切关系，有着各种形式与风格。

哈萨克族奶茶茶艺

奶茶是勤劳勇敢、热情好客的哈萨克族人民的必需品。奶茶配料为：砖茶、牛奶、酥油、羊油、盐巴；基本程序有捣茶、洗锅、熬茶、加盐、过滤、加奶、配料等步骤。

第一道程序　精心捣茶

每当客人来临，哈萨克族人民会取出最好的茯砖茶，切取适量，研碎备用。

第二道程序　洗具备锅

煮奶茶的锅一定要清洗干净，并要用新打来的清水熬茶。

第三道程序　候汤熟茶

将洗净的锅注入八分满的清水，置火上烧开，倒入研碎的砖茶熬煮。熬茶时火候和时间都要掌握好。

第四道程序　加盐调味

待茶色呈褐色时，加入适量盐巴，再置火上煮沸约一分钟。

第五道程序　滤渣净汤

把熬好的茶汁滤去茶渣备用。

第六道程序　五味调和

把牛奶、酥油、羊油加入茶汁中，充分搅拌，再稍加煮沸，一锅美味的奶茶就熬好了。奶茶由茶、盐、奶、酥油、羊油五种配料调和，是一种既可口又富于营养的饮料。

第七道程序　奶茶敬客

“崇老尚德”哈萨克族人民的优良传统。客人入座时长者坐上席，敬茶时第一碗要奉给在场年纪最大的人，然后再依次敬茶。同时，主人还会端上羊肉、馕、油果子、油饼子、奶酪等食物，并捧出草原上的马奶酒，宾主同乐。

生活茶艺

随着茶文化的普及，茶与人们生活的联系越来越紧密。无论是修身养性，还是生日聚会，抑或欢庆节日，都可用到茶艺表演。

修身茶艺

修身茶艺就是利用茶艺的表演过程展示人生一世在不同阶段的修习行为的过程。大益茶道院通过多年的实践，以修心为本，精心编排了“大益八式”，通过“洗尘”“坦呈”“苏醒”“法度”“养成”“身受”“分享”“放下”等8个内在关联且一气呵成的动作规范来完成。

第一步

喜悦

有朋自远方来，不亦悦乎？有佳茗共享，不亦悦乎？

第二步

正心

谦谦君子，坦率无邪。如玉温润，如菊淡雅，如竹刚劲，如莲清灵。用开水将杯盏一一烫洗。寓意君子以纯洁无邪之心事茶待客。

第三步

慎思

君子“慎于思，敏于行”，不以善小而不为。君子处理问题细致周到，根据客人的喜好与茶品性质投入适当的茶量，投茶时细心地将每一片茶叶投入冲泡器皿中。

第四步

苏醒

吾日三省吾身，为人谋而不忠乎？用适量开水浸润茶叶，唤醒茶性，茶叶透出芬芳。象征君子常常反省自己的行为，回归本真。

第五步

乐水

知者达于事理而周流无滞，有似于水，故乐水。欣赏水流注入壶中，体悟水的智慧。

第六步

养性

质胜文则野，文胜质则史。文质彬彬，然后君子。要得色香味俱美的茶汤，需要经沸水的浸泡，正如须时常修身养性，然后才能文质彬彬。

第七步

正道

中者，天下之正道。不偏不倚乃君子处事方式，将泡好的茶汤经公道杯分入各品茗杯，体会君子之道。

第八步

分享

达则兼济天下。将甘美茶汤奉献客人，祝天下人幸福安康。君子还要走向社会去实现人生价值，用自己的才华，深厚的修养来育化万民。

亲子茶艺

借助茶的平淡、温馨与关爱来演绎儿女对父母的感恩之爱。可在家中的客厅（其他适合泡茶的较大地点都可）进行，确保环境干净、整洁、温馨。背景音乐可选择父母平时喜爱的音乐。

第一步

备具候用、备茶以待

在家中播放父母平时喜爱的音乐，让下班回家的父母进入家门的时候能感觉到家庭的温馨。用随手泡将泡茶用水烧至适合温度，准备好父母平时喜欢的茶叶。

第二步

佳人入堂、喜迎至亲

将适量茶叶投入盖碗中，用备好的热水沿杯壁注入杯中，浸泡一段时间后，将茶汤注入公道杯中，再将公道杯中的茶汤注入品茗杯中，茶至七分满，“三分茶、七分情”。

第三步

敬茶表情、交流传爱

亲手泡杯茶敬奉给父母，让父母感觉到儿女诚挚的孝心，让他们觉得所做的一切都是值得的，生活也因此有了新的希望。父母品茶，儿女为父母唱歌、跳舞，一家人其乐融融。

第四步

亲身事茶、躬亲言教

父母是最了解自己的孩子的，他们会将做人的道理融入泡茶的过程中，当掌握了茶之真谛，就一定能在自身修为、行为艺术方面有一定的提高，对社会的认识也会有所改变。

第五步

收杯谢恩、畅想未来

泡茶的过程是一个修身养性的过程，在此过程中，我们不仅表达出了对父母的孝敬，也让我们自己的心灵得到了净化，让我们更好地领悟了做人的道理，像茶一样拥有清心的面貌、积极的心态、勇敢的内心，去面对生活中的各种坎坷挫折。

谢师茶艺

“春蚕到死丝方尽，蜡炬成灰泪始干”是对老师最真实的写照，曾经，多少个季节轮回，多少个春夏秋冬，是恩师如茶般的无私奉献让学子们成长，且借清茶一盏，表达感恩之情。

第一步

洁杯净具，虚怀以待

在品饮之前应洁杯净具、并通过气息调理，营造一个虚净空灵的心境。正如菁菁学子，满怀着对知识的渴盼，期盼先师圣贤敦敦教诲，引领学子们徜徉知识的海洋。

第二步

笑赏金花，桃李满园

茯砖茶外表平凡，遍布“金花”，具有降脂、解腻、润肠等功效，奉献自身精华，赐予人类健康。恩师，您亦朴实无华，内心“繁花”，授学生知识，赐学生智慧，笑看桃李满园，始终淡泊从容。

第三步

春风化雨，润物无声

将适量茶叶投入杯中，先醒茶。忆当年，初入师门，幸有恩师指点迷津，恰似“春风化雨，润物无声”。

第四步

菊有高节，化育英才

选用菊花与茯砖茶一起泡饮，既增美感，亦有益健康。壶中的茶汤色渐浓，茶香弥漫。求学之路莫不如是，几经书海沉浮，多少长夜苦思，终得拨云见日，修得书中黄金屋。

第五步

琥珀流霞，烨烨其华

倾泻而出的茶汤，明如琥珀，艳如朝霞，透着历史的沧桑与神奇，蕴着茶的哲思，透着禅的空灵。人生如茶，时间流逝，带走了青涩，也带走了浮躁，留下的是淡定从容之美，朴实厚重之美，和谐安康之美。

第六步

承蒙授业、拜谢恩师

“师恩浩瀚无穷尽，一杯清茶寄深情”，现以举案齐眉礼奉上这杯茶，感谢恩师多年的教诲。

第七步

三品得道，情意悠长

品茶之人以茶为媒将山川大河、四季景色、处事为人等融为一体，从而大彻大悟，达到天人合一的境界。师恩似海，以香茗一杯，祝恩师如意福常在，健康快乐永相伴。